산나물 들나물
대백과

□ **사진 도와 주신 분**
김문찬(5장), 김상희(7장), 송영은(5장), 이봉식(17장), 이홍진(7장), 임영희(1장), 정현도(33장)

□ **일러두기**
1. 식물 이름은 '국가표준식물목록'을 기준으로 했습니다.
2. 과명은 『한국식물도감』(2006)을 기준으로 하되, 『대한식물도감』(1980)을 참고했으며, 서로 맞지 않는 것은 일반적으로 많이 쓰는 것을 택했습니다.
3. 차례는 식물 분류 기준을 따르되 산나물, 들나물, 나무 나물, 갯가 나물, 독이 있는 식물 차례로 실었으며, 견주어 보기 쉽게 기준을 따르지 않은 것도 있습니다.
4. 식물 전문 용어는 쉽게 풀어 쓰려고 노력했고, 깨끗한 우리말로 바꿔 쓸 때 많이 길어지거나 복잡해지는 것은 그대로 쓰기도 했습니다.
5. 나물 사랑을 시작한 사람들을 위한 책이므로 학명은 생략했고, 사진과 설명은 알아보기 쉽게 실으려 노력했습니다.
6. 식물 이름 칸에 쓴 'ᄀ' 표는 왼쪽 식물 사진이나 설명 속에 오른쪽 식물이 들어 있다는 뜻입니다.

산나물 들나물 대백과

이영득 글과 사진

황소걸음
Slow & Steady

산나물
들나물
대백과

펴낸날 2010년 3월 1일 초판 1쇄
2017년 6월 1일 초판 6쇄
지은이 이영득
만들어 펴낸이 정우진 강진영 김지영
꾸민이 Moon&Park(dacida@hanmail.net)
펴낸곳 121-856 서울 마포구 토정로 222 한국출판콘텐츠센터 420호
편집부 (02) 3272-8863
영업부 (02) 3272-8865
팩 스 (02) 717-7725
이메일 bullsbook@hanmail.net / bullsbook@naver.com
등 록 제22-243호(2000년 9월 18일)
ISBN 978-89-89370-68-X 06480

황소걸음
Slow&Steady

© 이영득, 2010

- 이 책의 내용을 저작권자의 허락 없이 복제, 복사, 인용, 전재하는 행위는 법으로 금지되어 있습니다.
- 잘못된 책은 바꿔 드립니다. 값은 뒤표지에 있습니다.

『산나물 들나물 대백과』를 펴내며

　지난해 『주머니 속 나물 도감』을 내고 넘치는 사랑을 받았다. 그러나 글쓴이로서는 크기와 용도 때문에 담지 못한 내용에 대한 아쉬움이 컸고, 읽는 사람 가운데서는 사진과 글자 크기가 작아 아쉽다는 이들이 있었다. 밖에 나갈 때 들고 다니기 좋은 작은 책과 집에서 시원하게 볼 큰 책이 따로 있었으면 좋겠다는 바람을 이루게 되어 기쁘다. 독자에게는 선택의 폭을 넓혀 줘서 흐뭇하다. 처음 나물 책을 펴낼 때 하던 고민이 여전해 산나물 할머니 이야기를 다시 들려 드린다.

　몇 해 전 봄이었다. 깊은 산골짜기에서 봄꽃하고 눈을 맞추다가, 나물 뜯는 할머니를 만났다. 할머니는 조금 전까지 이쪽 비탈에서 나물을 뜯다가, 어느 새 저쪽 골짜기에 가서 나물을 뜯었다. 할머니는 어찌나 산을 잘 타는지 산토끼 같았다.
　할머니 나물 주머니는 아기 밴 엄마 배처럼 불룩했다. 신기하게 지켜보는데, 할머니가 "웬 새댁들이고?" 하며 고개를 들었다.
　"꽃 보러 왔어요, 할머니. 혼자 나물 하세요?"
　나물 주머니엔 온갖 나물이 들어 있었다. 냄새만 맡아도 산 기운이 몸으로 '훅' 들어오는 것 같았다.
　가방에서 방울토마토를 꺼내 할머니께 드렸다.
　"할머니, 이거 잡숴 보세요. 그런데 연세가 몇인데 산을 그렇게 잘 타세요?"
　"잘 먹을게. 뭐시, 내 나이 말이가? 일흔셋 아이가. 용돈 벌려고 이리 안 댕기나."
　"예? 그렇게 안 보여요!"
　"산에 댕기서 산 기운 쪼까 더 받은 거밖에 없는데 젊어 보인다 카이 기분 좋네."

　그 인연으로 해마다 봄에 할머니를 따라다니며 나물을 한다. 말이 나물 하는 거지 순 엉터리 나물꾼이다. 야들야들한 나물이 보이면 대견해 눈 맞추고, 예뻐서 들여다보고, 사진 찍고, 냄새 맡고, 그러다 보면 나물은 한 움큼도 안 된다.

　그래도 그 시간이 고맙고 감사해, 산바람 맘껏 들이마시며 새 잎 난 가지도 보고, 하늘도 올려다본다. 딱따구리 소리라도 들리면 어디 있나 살피다 시간 가는 줄 모른다. 문득 고개 돌려 할머니를 찾으면 옷자락도 보이지 않는다. 그제야 "할머니! 할머니!" 부르며 걸음을 옮긴다.

　그런데 신기한 건 할머니 뒤를 따라가면서 봐도 나물 한 표시가 안 난다는 거다. 푹푹 파인 발자국도 없고.

　"할머니, 나물을 그렇게 많이 뜯었는데, 흔적이 보이지 않아요. 발자국도 잘 안 보이고요."

　"그렇더나? 이 나무에서 쪼매, 저 풀에서 쪼매 뜯었더니 표가 안 나더나? 고맙구로. 내가 산에 오면 몸이 좀 가볍다."

　그렇게 말하는 할머니 얼굴이 어찌나 맑고 고운지.

　'아, 나물은 저렇게 하는 거구나! 산나물이나 약초를 하면서 싹쓸이를 하거나 멧돼지가 산을 발칵 뒤집어 놓은 것처럼 하는 사람들이 봐야 하는데…….'

　나물을 뜯어 팔면서도 자연에 대한 예의를 갖출 줄 아는 할머니. 아는 만큼 보이고, 아는 만큼 사랑하는 게 세상 이치라더니, 나물 하는 것도 예외는 아니다.

　고마워하고 조심하는 마음, 아끼고 귀히 여기는 마음, 욕심 부리지 않는 마음. 그 마음으로 나물을 뜯는 할머니는 그대로 산토끼다. 닮고 싶은 산토끼.

　봄이면 겨우 한 접시 나올 정도로 나물을 뜯곤 한다. 내가 먹은 음식이 내 몸이 되는 걸 느낀다.

풀꽃지기 이영득

차례

『산나물 들나물 대백과』를 펴내며 5

11 나물 하는 법

옷차림과 준비물 11 | 나물 하는 법 11 | 산나물과 독이 있는 식물 구별법 12 |
산나물 먹는 법과 보관법 12 | 묵나물 조리법 13 | 산야초 효소 만드는 법 13

14 산나물

고비(꼬치미) 17 | 고사리 19 | 수영 21 | 애기수영 21 | 싱아 22 | 범꼬리 23 | 호장근 25 | 왕호장근 25 |
개별꽃 27 | 큰개별꽃 27 | 장구채 29 | 가는장구채 30 | 홀아비꽃대(놋절나물) 31 | 물레나물 32 |
고추나물 33 | 금낭화 34 | 는쟁이냉이(산갓) 35 | 미나리냉이 37 | 고추냉이 38 | 장대나물 39 |
노란장대 41 | 꿩의비름 42 | 기린초 43 | 노루오줌 44 | 바위취 45 | 눈개승마(삼나물) 47 | 양지꽃 48 |
짚신나물(선학초) 49 | 뱀무 50 | 큰뱀무 51 | 터리풀 53 | 지리터리풀 53 | 오이풀 54 | 산오이풀 55 |
나비나물(콩대가리나물, 콩나물) 56 | 활량나물(활장대, 달구벼슬) 57 | 애기괭이밥 58 | 큰괭이밥 59 |
고깔제비꽃 60 | 남산제비꽃 61 | 졸방제비꽃(쪽박나물) 62 | 콩제비꽃(조갑지나물) 63 |
땅두릅(독활) 65 | 개시호 66 | 파드득나물 67 | 참반디(반대나물) 69 | 애기참반디(밤나물) 69 |
참나물 71 | 노루참나물 71 | 큰참나물 71 | 왜우산풀(누리대, 누릿대, 누룩치) 72 | 구릿대 73 |
바디나물(까막발나물, 바디재이) 75 | 참당귀 77 | 왜당귀 77 | 궁궁이 79

묏미나리(멧미나리, 민미나리) 81 | 기름나물 83 | 산기름나물 83 | 어수리(으너리) 84 |
큰까치수염 85 | 앵초 86 | 큰앵초 86 | 꼭두서니 87 | 갈퀴꼭두서니 87 | 솔나물 88 | 당개지치 89 |
덩굴꽃마리(미물나물, 토끼귀나물) 90 | 참꽃마리 91 | 골무꽃 93 | 광릉골무꽃 93 | 벌깨덩굴 95 |
꿀풀 96 | 광대수염 97 | 쥐깨풀 98 | 쉽싸리(곰비나물) 99 | 애기쉽싸리 99 | 층층이꽃 100 |
산층층이 100 | 속단 101 | 향유 103 | 꽃향유 103 | 산박하 105 | 방아풀 107 | 송이풀 109 |
마주송이풀 109 | 뚝갈 111 | 마타리 112 | 쥐오줌풀(꽃나물) 113 | 잔대(딱주) 115 | 당잔대 115 |
모시대(모시딱주) 116 | 만삼 117 | 초롱꽃 119 | 섬초롱꽃 119 | 자주꽃방망이 120 | 영아자 121 |
더덕 123 | 도라지 125 | 담배풀 127 | 좀담배풀 127 | 솜나물 129 | 솜방망이 131 | 산솜방망이 131 |
등골나물 133 | 골등골나물 133 | 향등골나물 133 | 주홍서나물 135 | 붉은서나물 136 | 미역취 137 |
까실쑥부쟁이 139 | 단풍취(게발딱주) 141 | 참취(취나물, 나물취) 142 | 개미취 143 | 곰취 145 |
곤달비 146 | 박쥐나물 147 | 나래박쥐나물 147 | 귀박쥐나물 147 | 우산나물 148 | 톱풀(가새풀) 149 |
제비쑥 150 | 맑은대쑥 151 | 삽주 153 | 멸가치 154 | 엉겅퀴 155 | 지느러미엉겅퀴 157 | 물엉겅퀴 159 |
고려엉겅퀴(곤드레나물) 161 | 서덜취 162 | 버들분취 163 | 각시취(깨나물) 165 | 뻐꾹채 166 |
산비장이 167 | 수리취(떡취, 흰취) 169 | 조밥나물 170 | 선씀바귀 171 | 산씀바귀 173 |
까치고들빼기 175 | 이고들빼기 177 | 뻐꾹나리 179 | 비비추(지부) 181 | 원추리(넘나물) 183 |
달래 185 | 산달래 187 | 산부추 189 | 두메부추 191 | 산마늘(명이나물) 193 | 얼레지 195 |
하늘말나리(비단나물) 196 | 둥굴레 197 | 용둥굴레 199 | 풀솜대(지장나물, 지장보살) 200 |
선밀나물 201 | 밀나물 203 | 마 205 | 참마 205 |

206 들나물

쇠뜨기 209 | 며느리배꼽 211 | 며느리밑씻개 213 | 환삼덩굴 214 | 모시풀 215 | 소리쟁이 217 |
고마리 219 | 쇠비름 220 | 점나도나물 221 | 유럽점나도나물 221 | 벼룩나물(나락나물) 222 |
벼룩이자리 223 | 별꽃 225 | 쇠별꽃 227 | 명아주 229 | 참명아주 229 | 취명아주 229 |
댑싸리 230 | 쇠무릎(우슬) 231 | 연꽃 233 | 순채(순나물) 234 | 삼백초 235 | 유채(겨울초) 236 |
갓 237 | 냉이 239 | 말냉이 240 | 물냉이 241 | 개갓냉이 243 | 나도냉이 244 | 꽃다지 245 |

돌나물 246 | 가락지나물 247 | 갈퀴나물 248 | 살갈퀴 249 | 자운영 250 | 깨풀 251 | 괭이밥 253 |
선괭이밥 253 | 제비꽃 254 | 종지나물 255 | 달맞이꽃 257 | 사상자 259 | 고수 260 | 미나리 261 |
까치수염(까치수영) 262 | 꽃마리 263 | 메꽃 265 | 애기메꽃 265 | 배초향(방아) 266 | 석잠풀 267 |
광대나물 268 | 소엽(차조기, 차즈기) 269 | 물칭개나물 271 | 질경이 273 | 떡쑥(개쑥, 기쑥) 274 |
금불초 275 | 쑥부쟁이(부지깽이나물) 277 | 개쑥부쟁이 279 | 미국쑥부쟁이 281 |
뚱딴지(돼지감자) 282 | 벌개미취 283 | 개망초 285 | 주걱개망초 285 | 망초 287 | 큰망초 288 |
비름 289 | 머위(머구) 291 | 쑥 293 | 물쑥 295 | 겹삼잎국화(키다리노랑꽃) 296 | 도깨비바늘 297 |
털도깨비바늘 297 | 가막사리 299 | 미국가막사리 299 | 조뱅이(조바리, 조빼이) 300 | 쇠서나물 301 |
지칭개 303 | 민들레 305 | 서양민들레 305 | 흰민들레 305 | 씀바귀(씬내이) 307 | 흰씀바귀 307 |
노랑선씀바귀 308 | 벋음씀바귀 309 | 벌씀바귀 311 | 좀씀바귀 312 | 사데풀 313 | 방가지똥 314 |
큰방가지똥 315 | 뽀리뱅이 317 | 왕고들빼기 319 | 고들빼기 320 | 참나리 321 | 무릇 322 |
닭의장풀(달개비) 323

324 나무 나물

느릅나무(코나무) 327 | 참느릅나무 327 | 산뽕나무 329 | 좀깨잎나무 331 | 오미자 333 |
생강나무 335 | 사위질빵 336 | 큰꽃으아리 337 | 으아리(꼬칫대) 339 | 참으아리 339 | 으름덩굴 341 |
다래(다래나무, 다래몽두리) 343 | 음나무(엄나무, 엉개나무, 개두릅) 345 | 고광나무 346 |
국수나무 347 | 찔레꽃(찔레, 찔레나무) 349 | 칡(칡덤불, 칠기) 350 | 아까시나무 351 |
골담초 352 | 고추나무 353 | 사람주나무(산호자) 355 | 초피나무(제피나무) 357 |
산초나무(난두나무) 359 | 참죽나무(가죽나물) 361 | 합다리나무(합대나무, 합달나무) 363 |
미역줄나무 365 | 화살나무(홑잎나물, 훗잎나물) 367 | 회잎나무(홑잎나물, 훗잎나물) 368 |
헛개나무 369 | 박쥐나무(남방잎) 371 | 단풍박쥐나무 371 | 두릅나무(두릅, 드릅) 373 |
오갈피나무(오가피나무) 375 | 누리장나무 376 | 구기자나무 377 | 병꽃나무(명태취) 379 |
청미래덩굴(망개, 명감) 381 | 청가시덩굴 383 | 죽순대(맹종죽) 384 | 노박덩굴 385 |

386 갯가 나물

번행초 389 | 수송나물(가시솔나물) 391 | 갯완두 393 | 갯방풍(방풍나물) 395 | 갯기름나물(방풍) 397 | 갯무(무아재비, 갯무시) 398 | 섬쑥부쟁이 399 | 갯고들빼기 400 | 갯씀바귀 401

402 독이 있는 식물

자리공(장록) 405 | 미국자리공 405 | 섬자리공 405 | 요강나물 406 | 할미꽃 407 | 홀아비바람꽃 408 | 꿩의바람꽃 409 | 회리바람꽃 410 | 미나리아재비 411 | 왜미나리아재비 411 | 개구리자리(놋동이풀) 412 | 복수초 413 | 꿩의다리 414 | 매발톱 415 | 하늘매발톱 415 | 투구꽃 417 | 진범(진교) 419 | 흰진범 419 | 모데미풀 420 | 동의나물 421 | 한계령풀 422 | 족도리풀 423 | 개족도리풀 423 | 피나물 424 | 매미꽃 425 | 괴불주머니 427 | 산괴불주머니 427 | 염주괴불주머니 427 | 현호색 429 | 애기똥풀 430 | 등대풀 431 | 대극 433 | 두메대극 433 | 개감수 434 | 철쭉 435 | 옻나무 437 | 개옻나무 437 | 산검양옻나무 437 | 갯메꽃 438 | 미치광이풀 439 | 꽈리 441 | 땅꽈리 441 | 페루꽈리 441 | 독말풀(만다라화) 443 | 흰독말풀 443 | 파리풀 444 | 삿갓나물 445 | 박새 447 | 여로 449 | 흰여로 449 | 산자고 450 | 윤판나물 451 | 애기나리 452 | 은방울꽃 453 | 연영초 454 | 큰연영초 454 | 반하 455 | 대반하 456 | 앉은부채 457 | 애기앉은부채 457 | 천남성 459 | 섬남성 459 | 두루미천남성 459 | 둥근잎천남성 459 | 큰천남성 459 | 상사화 461 | 백양꽃 461 | 석산(꽃무릇) 461

찾아보기 462

나물 하러 가기 전에

옷차림과 준비물

- 일기 예보를 본다(비가 올 때를 대비한다. 산 속에서는 우산보다 비옷이 편하다).
- 긴 바지에 긴 소매 옷을 입는다. 모자를 쓰고 등산화를 신으면 좋다(날카로운 가지나 곤충, 뱀한테서 몸을 보호하기 쉽다).
- 배낭, 허리에 매는 주머니(비닐 주머니 등), 장갑을 준비한다(손이 자유로워야 나물 하기도 좋고, 산에 다니기도 편하다).
- 나물 도감이나 식물 도감을 준비한다(나물인지 독초인지 가릴 수 있다. 확실하지 않으면 뜯지 않는다).
- 비상 약품을 준비한다(일회용 밴드, 연고, 소화제, 해열제, 진통제 등).
- 휴대전화가 되는 곳인지 확인한다(전화가 연결 되지 않는 곳이면 동행자가 보이는 곳에서 나물을 한다).
- 물이나 도시락, 비상 식량 등을 준비한다.
- 비상시를 대비해 호루라기, 손전등, 나침반, 그 지역 산길이 나온 지도 등을 준비한다.

나물 하는 법

- 자연의 기운을 느끼며 한다.
- 고맙고 감사한 마음으로 한다.
- 특산식물, 희귀식물, 멸종위기식물은 보호해야 한다.
- 손으로 뜯는다(칼이나 낫, 호미와 같이 날카로운 것으로 하면 식물이 다칠 수 있다).
- 뿌리째 뽑지 않는다(냉이 같은 나물은 뿌리째 캔다. 잔대나 더덕처럼 잎도 먹고 뿌리도 먹는 나물은 가능하면 잎만 뜯는다. 뿌리를 캐야 한다면 큰 것만 캐고 어린 것은 그대로 둔다).
- 여러 포기에서 조금씩 뜯는다.
- 아는 나물만 뜯는다(독이 있는 식물을 뜯지 않게 조심한다).
- 도심이나 경작지 둘레에서는 나물을 하지 않는다(매연이나 농약이 묻었을 수 있다).
- 나무를 베거나 잘라서 나물을 하면 안 된다.
- 다른 식물이 다치지 않게 조심한다.
- 뱀이나 말벌, 멧돼지, 곰 등이 보이면 함부로 자극하지 않는다.

- 부위에 따라 다르게 나물 한다.

  싹(고사리, 고비) 싹을 전부 뜯지 않는다. 뿌리째 뽑지 않는다.

  순(두릅나무) 순 전체를 따지 않는다. 맨 위의 싹만 따고 나머지는 남긴다.

  뿌리(더덕, 마) 여러 포기 가운데 큰 것 하나씩만 캔다. 캔 뒤에는 흙으로 덮는다.

  덩굴(다래, 으름덩굴) 덩굴 밑동을 자르지 않는다.

- 금지된 곳에서는 나물을 하지 않는다(불법 채취는 '산림자원의 조성 및 관리에 관한 법률'에 따라 7년 이하의 징역이나 2000만 원 이하의 벌금형을 받는다).

  국립공원, 자연 보호 구역
  식물 채취가 금지되어 있다.

  산나물이 지역 특산물인 지역
  채취권이 필요하다.

  개인 소유지, 산나물 재배지
  허락을 받고 들어가야 한다.

산나물과 독이 있는 식물 구별법

- 나물은 잎이나 줄기를 따서 냄새를 맡아 보면 향긋한 냄새가 나는 게 많고, 독초는 좋지 않은 냄새가 나는 게 많다.
- 초식 동물인 소가 먹을 수 있는 식물은 대개 사람도 먹을 수 있다. 하지만 그렇지 않은 경우도 있으니 조심한다.
- 잎에 벌레 먹은 흔적이 있으면 대개 사람도 먹을 수 있다고 한다. 하지만 아닌 경우도 많으니 주의한다.
- 독초는 독특하게 생긴 게 많다. 꽃 색이 어둡거나 모양이 독특하면 일단 독초가 아닌지 의심해 본다(미치광이풀, 삿갓나물, 앉은부채, 요강나물, 족도리풀, 천남성……).
- 독초는 윤기 나는 게 많다. 잎이나 꽃, 열매에 유난히 윤기가 나면 독초가 아닌지 의심해 봐야 한다(개구리자리, 앉은부채, 미국자리공……).
- 맛을 보고 독초를 가리는 것은 위험하다. 혀 끝에 대기만 해도 정신을 잃거나 심한 중독 현상이 일어날 수도 있다.
- 독초는 피부에 닿으면 대개 나쁜 반응이 나타난다. 손목 안쪽에 즙을 바르면 물집이 잡히거나 발진이 나기도 한다. 가렵거나 따가워도 독초가 아닌지 의심해 봐야 한다.
- 전문가의 도움을 받는다. 나물을 많이 해 본 경험자한테 물어 가며 뜯는 게 가장 좋은 방법이다.

산나물 먹는 법과 보관법

- 생으로나 데쳐서나 신선할 때 먹는 게 좋다.
- 그 날 뜯은 나물을 섞어 먹는 게 좋다. 한두 가지 나물만 오래 먹으면 부작용이 날 수도 있다.
- 데치고 하루 이틀 있다 먹을 것은 냉장실에 넣는다. 며칠 뒤에 먹거나 오래 둘 것은 냉동실에 보관한다.
- 취나물, 고사리처럼 말려서 묵나물로 할 것은

> **이름에 '나물'이 붙은 독초**
>
> 이름에 '나물'이 붙은 독초도 많다. 개발나물, 놋젓가락나물, 대나물, 동의나물, 삿갓나물, 요강나물, 윤판나물, 피나물……. 이 가운데 독이 강한 동의나물, 삿갓나물, 요강나물 같은 건 먹으면 구토와 발진, 설사, 복통, 현기증, 경련, 호흡 곤란 같은 증상이 나타난다. 심하면 생명을 잃을 수도 있으니 주의한다.

뜨거운 물에 데쳐서 햇볕에 바싹 말린다. 그래야 산나물의 맛과 향이 오래 간다.
- 묵나물은 서늘하고 바람이 잘 통하는 곳에 보관한다. 비닐 봉지에 보관할 때는 밀폐한다.
- 장마철에 묵나물이 눅눅해지면 다시 바싹 말린다(잘못하면 곰팡이가 피거나 벌레가 슨다).

묵나물 조리법

묵나물은 뜯어 두었다 이듬해 봄까지 먹는 나물을 말한다. 나물이 없는 철에 먹으려고 묵나물을 만든다. 보관하기 쉽게 데쳐서 말린 게 많다.

1. 고사리, 취나물, 얼레지 같은 묵나물은 미지근한 물이나 찬물에 불린다. 이 때 나물이 완전히 잠기도록 물을 붓고, 한 시간 정도 불리면 된다. 찬물에 불릴 때는 더 오래 불린다.
2. 불린 묵나물은 끓는 물에 20~30분 정도 삶는다(시간이 모자라면 뻣뻣하고, 오래 삶으면 무르다. 씹어 보면서 익은 정도를 가늠한다).
3. 삶은 나물은 찬물에 헹군 다음 꼭 짠다.
4. 독이 있는 나물은 충분히 우려낸다.
5. 조선간장, 파, 마늘, 들기름 같은 양념으로 볶는다. 삶은 나물이라 오래 볶을 필요는 없다.

산야초 효소 만드는 법

나물 해 먹는 것은 모두 산야초 효소를 만들 수 있다. 한 가지씩 만들어도 되지만, 잎과 줄기, 뿌리, 열매 등을 섞어서 만들면 더 좋다. 100가지가 넘는 산야초와 과일 등으로 만든 효소를 '백초 효소'라 한다. 농약이나 솔잎혹파리 방제를 하지 않은 깨끗한 곳에서 한 것으로 만든다.

1. 산나물, 들나물을 깨끗이 씻어 물기를 턴 다음 그늘에 널어 둔다.
2. 물기가 마르면 2~3cm 길이로 자른다.
3. 나물 무게만큼 준비한 꿀이나 설탕을 나물과 고루 섞는다.
4. ③을 숨쉬는 항아리에 눌러 담는다.
5. 넓적한 돌을 끓는 물에 소독해 ④에 올린다.
6. 항아리 입구를 한지로 덮고, 고무줄로 묶는다. 이 때 바늘 구멍을 세 개 정도 낸다. 항아리는 그늘에 보관한다. 유리병에 담을 때는 검은 천이나 종이로 싸서 빛이 들어가지 않게 한다.
7. 일주일에서 보름 정도 되면 발효가 시작되어 보글보글 끓고, 독특한 향기도 난다. 이 때 한 번 뒤집는데, 설탕이 가라앉지 않게 고루 젓는다. 그리고 2주일 내에 3~4번 더 젓는다. 초파리나 벌레가 들어가지 않게 조심한다.
8. 보통 석 달에서 100일 정도면 발효가 된다. 이 때 찌꺼기를 소쿠리에 밭쳐서 꼭 짠 다음 원액을 숙성시키면 산야초 효소가 된다. 숙성 기간은 여섯 달에서 아홉 달 정도 걸린다.
9. 잘 숙성된 산야초 효소는 항아리나 병에 담아 뚜껑을 닫고 보관한다.
10. 산야초 효소를 물에 타서 마신다. 물 90ml에 효소 10ml 정도면 적당하다. 물엿이나 설탕 대신 음식에 넣어도 좋다.

산나물

산나물

철 따라 고운 꽃 피면
저걸 어찌 나물 해 먹나 싶기도 하다.

그런데 먹어야 사는 목숨으로 태어났으니 어쩌랴?

푸성귀 한 접시 밥상에 올려야 한다면
약 치고 비료 뿌려 키운 것보다,
하우스에서 갑갑하게 자란 것보다,
흙도 없이 물만 먹여 키운 수경재배 푸성귀보다
자연이 키운 걸 올리고 싶다.
온전한 걸 올리고 싶다.

얼룩덜룩 얼레지 세 잎, 윤기 자르르 참나물 한 줌,
향이 좋은 참취 한 접시, 달래 넣은 된장찌개.

산바람이 키워 준 산나물 먹고 있으면
산한테도 고맙고, 해한테도 고맙고, 흙·바람한테도 고맙다.
비, 골짝 물, 이슬, 안개…… 다 고맙다.
고마워서, 고마워서 지켜 주고 싶다.

나물 하기 좋은 때(3월 30일).

이 때도 나물 하기 좋다(4월 1일).

생식엽과 영양엽 전체 모습(4월 27일).

자란 잎(7월 13일).

뜯은 나물(4월 20일).

고비 (꼬치미)

고비과 | 여러해살이풀

크기 60~100cm
홀씨 맺는 때 3~5월
자라는 곳 산의 축축한 곳

꼬치미라고도 한다. 하얀 솜털에 싸여 나와 태엽처럼 풀리면서 자란다. 어린 싹을 뜯어 솜털을 떼고 데친 뒤 말려서 고사리처럼 묵나물로 먹는다. 묵나물은 불린 뒤 삶아서 떫은맛을 우려내고 볶는다. 산적을 만들기도 하고, 탕에도 넣는다. 고사리 대신 제사상에 올리기도 한다. 맛과 향이 좋아 고급 나물로 친다.

나물 할 때
봄

나물 하는 방법
잎이 펴지기 전에 어린 싹을 꺾는다.

추천 음식
묵나물 볶음, 산적, 탕

데쳐서 말리기(5월 5일).

묵나물 불리기. 떫은맛을 우려낸다(11월 28일).

묵나물 불려서 삶은 것(12월 3일).

고비 볶음(12월 3일).

나물 하기 좋은 때(4월 27일).

이 때 나물 해도 된다(5월 10일).

펼쳐진 잎(4월 30일).

자란 잎(5월 27일).

고사리

고사리과 | 여러해살이풀

크기 30~100cm
홀씨 맺는 때 7~9월
자라는 곳 산의 양지바른 곳

꺾은 고사리(4월 21일).

제사상에 빠지지 않는 나물이다. 아기가 주먹을 쥔 것처럼 올라온다. 잎이 펴지기 전에 어린순을 꺾어 데친 뒤 말린다. 묵나물은 삶아서 우려내고 볶기도 하고, 비빔밥이나 육개장, 추어탕에 넣기도 한다. 국을 끓이거나, 굵은 건 다른 재료와 같이 산적도 만든다. 나물 잡채를 할 때 넣어도 좋다.

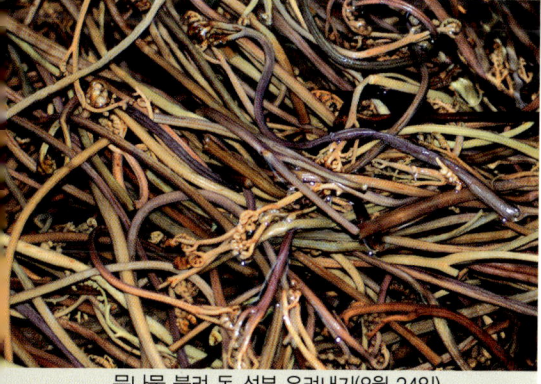
말린 고사리(5월 20일).

나물 할 때
봄~초여름

나물 하는 방법
잎이 펴지기 전에 어린순을 꺾는다.

추천 음식
묵나물 볶음, 비빔밥, 육개장, 추어탕, 국, 산적, 나물 잡채

묵나물 불려 독 성분 우려내기(8월 24일).

고사리 볶음(6월 27일).

애기수영 나물 하기 좋은 때(3월 1일).

수영 줄기 올라오는 모습(4월 14일).

수영 나물 하기 좋은 때(4월 3일).

수영 꽃과 열매(5월 21일).

수영 싹(3월 14일).

수영 ⊃ 애기수영

마디풀과 | 여러해살이풀

애기수영 꽃 핀 모습(5월 4일).

수영 뜯은 나물(4월 14일).

수영 꺾은 줄기(4월 14일).

수영 무침(4월 15일).

크기 30~80cm
꽃 피는 때 5~6월
자라는 곳 들, 산기슭

줄기와 잎을 먹으면 신맛이 난다. 싱아랑 맛이 비슷해서 개싱아, 괴싱아라고도 한다. 소리쟁이와 닮았는데, 어린잎은 붉은빛이 돈다. 잎과 잎자루를 다른 나물과 섞어 샐러드로 만들거나 무쳐 먹는다. 초무침을 해도 맛있다. 줄기는 그냥 먹기도 하고, 뿌리는 위장 질환이나 관절염 약으로 쓴다. 애기수영도 같은 방법으로 먹는다.

나물 할 때
봄

나물 하는 방법
잎 – 부드러운 잎을 뜯는다.
줄기 – 연한 줄기를 꺾는다.

추천 음식
샐러드, 초무침, 무침

싱아

마디풀과 | 여러해살이풀

크기 100cm 정도
꽃 피는 때 6~8월
자라는 곳 산

줄기와 잎에서 신맛이 난다. 위에서 가지가 갈라지고, 자잘한 꽃이 모여 핀다. 잎은 뾰족하고 가장자리에 물결 모양 톱니가 있다. 어린잎은 다른 산나물과 데쳐서 무친다. 생으로 쌈 싸 먹기도 하고, 무치거나 샐러드를 만들어 먹는다. 연한 줄기를 찔레처럼 꺾어 먹기도 한다.

나물 할 때
봄

나물 하는 방법
부드러운 잎을 뜯는다.

추천 음식
쌈, 샐러드, 생으로나 데쳐서 무침, 줄기 꺾어 먹기

나물 하기 좋은 때(5월 13일).

꽃 핀 모습(7월 23일).

이 때도 나물 하기 좋다(5월 28일).

줄기 꺾어 먹기 좋은 때(6월 11일).

가지가 갈라진 모습(7월 27일).

범꼬리

마디풀과 | 여러해살이풀

크기 30~80cm
꽃 피는 때 6~8월
자라는 곳 깊은 산 풀밭

꽃이 범 꼬리를 닮아서 범꼬리다. 이파리도 짐승 꼬리 모양을 닮았다. 뿌리잎은 가운데 잎맥이 희고 뚜렷하며, 잎자루에 날개가 있다. 줄기잎은 잎자루가 없고 아래가 넓어져 줄기를 감싼다. 부드러운 잎을 생으로나 데쳐서 무치고, 묵나물로도 먹는다.

나물 할 때
봄

나물 하는 방법
연한 잎을 뜯는다.

추천 음식
생으로나 데쳐서 무침, 묵나물 볶음

나물 하기 좋은 때(5월 5일).

꽃 핀 모습(6월 26일).

잎이 갸름한 종류(4월 11일).

줄기 올라오는 모습(6월 26일).

범꼬리 종류 뜯은 나물(4월 15일).

호장근 나물 하기 좋은 때(4월 20일).

왕호장근 줄기를 먹거나 나물 하기 좋은 때(5월 8일).

호장근 꽃 핀 모습(6월 25일).

호장근⊃왕호장근

마디풀과 | 여러해살이풀

호장근 줄기가 굵게 올라오는 모습(4월 29일).

왕호장근 자란 모습(5월 8일).

크기 100~150cm
꽃 피는 때 6~8월
자라는 곳 산, 들

줄기가 호랑이 가죽 같다 해서 호장근이다. 범싱아, 감제풀이라고도 한다. 연한 줄기는 껍질을 벗기고 생으로 먹거나 조린다. 껍질을 벗기고 데친 뒤 찬물에 담갔다가 버섯이나 고기, 멸치를 넣고 볶기도 한다. 갓 올라온 싹은 튀김을 하거나 데쳐서 볶는다. 왕호장근도 같은 방법으로 먹는다.

나물 할 때
봄

나물 하는 방법
싹과 연한 순 밑동을 자른다.

추천 음식
생으로 먹기, 조림, 데쳐서 볶음, 튀김

호장근 데친 나물(5월 3일).

호장근 버섯 볶음(5월 4일).

산나물

개별꽃 나물 하기 좋은 때(3월 15일).

개별꽃 종류 싹. 이 때도 나물 하기 좋다(4월 2일).

개별꽃 꽃 핀 모습(4월 12일).

개별꽃⊃큰개별꽃

석죽과 | 여러해살이풀

크기 8~15cm
꽃 피는 때 3~5월
자라는 곳 산의 숲

큰개별꽃 꽃 핀 모습(3월 17일).

꽃이 별 모양을 닮았다. 작은 인삼 모양 덩이뿌리가 달리는데, 타자삼이라 한다. 전체를 위장약으로 쓰고, 어린순을 다른 산나물과 무쳐 먹는다. 데쳐서 간장이나 된장, 고추장에 무치기도 한다. 가을에 캔 뿌리를 말려서 달인 물을 마시면 위암이나 폐암 치료에 좋다고 한다.

개별꽃 꽃 진 뒤 잎이 넓어진 모습(4월 16일).

나물 할 때
봄

나물 하는 방법
부드러운 순을 뜯는다.

추천 음식
생으로나 데쳐서 무침

개별꽃 뜯은 나물(3월 15일).

개별꽃과 봄나물 무칠 것(3월 17일).

나물 하기 좋은 때(3월 29일).

이 때도 나물 하기 좋다(3월 24일).

새 잎 나는 모습(5월 7일).

줄기 올라온 모습(5월 23일).

장구채

석죽과 | 두해살이풀

크기 30~80cm
꽃 피는 때 7~9월
자라는 곳 산, 들

열매가 줄기 끝에 달린 모습이 장구채와 닮아서 붙은 이름이다. 꽃이 작아 눈여겨보지 않으면 지나치기 쉽다. 줄기는 여러 대가 모여난다. 어린잎을 다른 산나물과 데쳐서 간장이나 된장에 무쳐 먹지만, 흔하지 않고 크기도 작아 잘 뜯지 않는다. 씨는 지혈제, 진통제 따위로 쓴다.

나물 할 때
봄

나물 하는 방법
어린잎을 뜯는다.

추천 음식
데쳐서 무침

꽃 핀 모습(9월 17일).

마른 열매가 장구채를 닮았다(2월 19일).

가는장구채

석죽과 | 한해살이풀

크기 50cm 정도
꽃 피는 때 7~8월
자라는 곳 산의 그늘진 곳

열매가 장구채를 닮았고, 줄기가 가늘어 가는장구채다. 잎은 마주나고, 전체에 가는 털이 있다. 줄기는 자라다가 땅에 닿으면 마디에서 뿌리를 내리고, 위쪽에서 가지를 많이 친다. 열매가 익으면 꽃받침이 자라서 열매를 둘러싼다. 어린순을 다른 나물과 함께 데쳐서 무치거나, 국을 끓인다.

나물 할 때
봄

나물 하는 방법
어린순을 뜯는다.

추천 음식
데쳐서 무침, 국

나물 하기 좋은 때(5월 4일).

꽃 핀 전체 모습(7월 23일).

이 때도 나물 하기 좋다(5월 13일).

가는 줄기 끝에 핀 꽃과 장구채를 닮은 열매(7월 25일).

홀아비꽃대
(놋절나물)

홀아비꽃대과 | 여러해살이풀

크기 15~20cm
꽃 피는 때 4~5월
자라는 곳 산기슭

꽃대가 하나만 올라와서 홀아비꽃대다. 줄기가 놋젓가락을 닮아서 놋절나물, 놋젓나물이라고도 한다. 두 장씩 돌려나는 잎이 가까이 있어 네 장이 돌려난 것처럼 보인다. 부드러운 어린순을 데쳐서 우려내고 무치거나 볶는다. 생선 조릴 때 깔거나, 묵나물로 먹기도 한다. 독이 있으니 많이 먹지 않는다.

나물 할 때
봄

나물 하는 방법
부드러운 어린순을 뜯는다.

추천 음식
데쳐서 무치거나 볶음, 생선 조림 밑나물, 묵나물 볶음

나물 하기 좋은 때(3월 23일).

꽃 핀 모습(4월 15일).

열매 맺는 모습(5월 7일).

노란 꽃밥이 보인다(4월 23일).

물레나물

물레나물과 | 여러해살이풀

크기 50~80cm
꽃 피는 때 6~8월
자라는 곳 산, 들

꽃잎이 물레방아처럼 돌아가듯 나서 물레나물이다. 잎은 마주나고 고추나물과 비슷한데, 전체가 고추나물보다 크다. 잎이 길고, 꽃도 훨씬 크다. 잎 아래가 줄기를 감싼다. 전체를 부스럼과 두통, 고혈압에 약으로 쓴다. 어린순을 다른 나물과 함께 데쳐서 고추장이나 된장, 간장에 무쳐 먹는다.

나물 할 때
봄~여름

나물 하는 방법
어린순을 뜯는다.

추천 음식
데쳐서 무침

나물 하기 좋은 때(4월 21일).

꽃 핀 모습(8월 24일).

자란 모습(5월 31일).

열매(8월 13일).

고추나물

물레나물과 | 여러해살이풀

크기 20~60cm
꽃 피는 때 7~8월
자라는 곳 산과 들의 축축한 곳

열매가 고추를 닮았고, 어린순을 나물 해 먹어서 고추나물이다. 고추보다 작은 열매가 하늘을 보고 달리며, 마주나는 잎이 깔끔하다. 줄기는 곧게 서다가 윗부분에서 갈라진다. 잎을 햇빛에 비추면 검은 점들이 보인다. 어린순을 다른 산나물과 함께 데쳐서 된장이나 간장, 고추장에 무쳐 먹는다.

나물 할 때
봄~초여름

나물 하는 방법
어린순을 뜯는다.

추천 음식
데쳐서 무침

나물 하기 좋은 때(5월 13일).

꽃 핀 모습(8월 13일).

자라는 모습(5월 24일).

열매(9월 4일).

뜯은 나물(5월 29일).

금낭화

현호색과 | 여러해살이풀

크기 40~60cm
꽃 피는 때 4~6월
자라는 곳 산골짜기

비단 주머니같이 생긴 꽃이 달려 비단 금, 주머니 낭을 써서 금낭화다. 며느리주머니꽃이라고도 한다. 독이 있지만, 어린순을 데쳐서 찬물에 여러 번 우려낸 뒤 초고추장에 찍어 먹거나 무친다. 묵나물로 먹기도 한다. 전체를 타박상에 약으로 쓰고, 꽃이 고와서 심어 가꾸기도 한다.

나물 할 때
봄

나물 하는 방법
어린순을 뜯는다.

추천 음식
데쳐서 초고추장 찍어 먹거나 무침,
묵나물 볶음

나물 하기 좋은 때(4월 6일).

꽃 핀 모습(4월 26일).

자란 잎(4월 22일).

새순은 이 때도 나물 하기 좋다(4월 20일).

는쟁이냉이 (산갓)

십자화과 | 여러해살이풀

크기 30~50cm
꽃 피는 때 5~8월
자라는 곳 산의 축축한 골짜기

잎이 숟가락같이 생겼다고 숟가락냉이, 톡 쏘는 맛이 갓을 닮아 산에서 나는 갓이라는 뜻으로 산갓이라고도 한다. 뿌리잎으로 물김치를 담그면 매콤하고 톡 쏘는 맛이 나서 개운하다. 쌈 싸 먹고, 부드러운 순을 데쳐서 무치기도 한다. 꽃봉오리가 맺혔을 때도 먹을 수 있지만, 꽃이 피면 먹지 않는다.

나물 할 때
봄

나물 하는 방법
뿌리잎과 순을 뜯는다.

추천 음식
물김치, 쌈, 데쳐서 무침

나물 하기 좋은 때(3월 28일).

꽃 핀 모습(5월 2일).

어린 모습(4월 1일).

이 때도 나물 하기 좋다(4월 29일).

산나물

나물 하기 좋은 때(4월 5일).

꽃 핀 모습(4월 27일).

싹(3월 17일).

꽃봉오리가 맺힌 모습(4월 21일).

미나리냉이

십자화과 | 여러해살이풀

크기 50cm 정도
꽃 피는 때 4월 말~7월
자라는 곳 산의 물가, 축축한 곳

잎이 미나리를 닮았고, 꽃은 냉이를 닮아서 미나리냉이다. 삼베 짜는 삼 잎을 닮았고, 나물 해 먹어서 삼나물이라고도 한다. 싹과 어린순을 생으로 무치거나 쌈 싸 먹는다. 어린순을 데쳐서 무치거나, 묵나물로도 먹는다. 국을 끓이고, 생선 조릴 때 깔아도 좋다. 다른 나물과 섞어 먹으면 더 맛있다.

나물 할 때
봄

나물 하는 방법
싹과 부드러운 순을 뜯는다.

추천 음식
쌈, 생으로나 데쳐서 무침, 묵나물 볶음, 국, 생선 조림 밑나물

싹 뜯은 나물(3월 18일).

순 뜯은 나물(4월 21일).

미나리냉이와 달래 무침(3월 18일).

고추냉이

십자화과 | 여러해살이풀

크기 30cm 정도
꽃 피는 때 5~6월
자라는 곳 산골짜기 물이 흐르는 곳

맛이 맵고, 꽃은 냉이를 닮아서 고추냉이다. 심어 가꾸기도 하는데, 주로 울릉도에서 자란다. 잎과 꽃봉오리는 쌈으로 먹고, 땅속줄기는 갈아서 매운맛을 내는 향신료로 쓴다. 생선회와 함께 먹으면 식중독을 막아 준다. 잔뿌리를 떼어낸 땅속줄기 말린 걸 산규근이라 해서 류머티즘, 신경통 따위에 약으로 쓴다.

나물 할 때
봄

나물 하는 방법
잎 – 부드러운 잎을 뜯는다.
꽃 – 꽃봉오리가 맺혔을 때 꽃차례를 딴다.
땅속줄기 – 캔다.

추천 음식
잎, 꽃봉오리 – 쌈
땅속줄기 – 갈아서 매운 향신료

나물 하기 좋은 때(5월 9일).

꽃 핀 모습(5월 7일).

자라는 모습(5월 7일).

나물 하기 좋은 때(4월 8일).

꽃 핀 모습(4월 29일).

장대나물

십자화과 | 두해살이풀

크기 40~100cm
꽃 피는 때 4~6월
자라는 곳 산과 들의 양지쪽 풀밭

꽃줄기가 장대처럼 길게 올라와서 장대나물이다. 깃대나물이라고도 한다. 열매도 길쭉하게 생겼다. 뿌리잎과 줄기잎이 다르다. 뿌리잎 사이에서 줄기가 올라올 때 어린순을 나물 하면 부드럽고 맛있다. 데쳐서 초고추장에 무치거나, 다른 산나물과 섞어 된장ㆍ간장ㆍ고추장에 무쳐 먹는다.

나물 할 때
봄

나물 하는 방법
부드러운 순을 뜯는다.

추천 음식
데쳐서 무침

뿌리잎(3월 12일).

열매(5월 18일).

뜯은 나물(4월 8일).

나물 하기 좋은 때(4월 11일).

꽃 핀 모습(5월 19일).

이 때도 나물 하기 좋다(4월 11일).

자란 모습. 순 나물 하기 좋다(4월 21일).

뜯은 나물(4월 11일).

노란장대와 봄나물 된장국(4월 22일).

노란장대 나물을 깔고 조린 생선(4월 12일).

노란장대

십자화과 | 여러해살이풀

크기 70~120cm
꽃 피는 때 5~6월
자라는 곳 산의 골짜기

잎이 무 잎처럼 갈라져서 무시나물이라고도 한다. 뿌리잎과 줄기잎이 많이 다르다. 이른 봄, 다른 산나물이 돋지 않았을 때도 산에 가면 노란장대를 만날 수 있다. 부드러운 잎과 순을 데쳐서 된장이나 간장에 무치고, 국도 끓이고 볶기도 한다. 무친 나물을 생선 조림에 깔거나, 묵나물로 먹어도 맛있다.

나물 할 때
봄

나물 하는 방법
뿌리잎과 부드러운 순을 뜯는다.

추천 음식
데쳐서 무치거나 볶음, 묵나물 볶음, 국, 생선 조림 밑나물

산나물 41

꿩의비름

돌나물과 | 여러해살이풀

크기 30~60cm
꽃 피는 때 8~9월
자라는 곳 산의 양지쪽 풀밭

줄기와 잎에 물기가 많아 두껍고 통통하다. 어린잎과 줄기는 분을 바른 듯 흰빛이 돈다. 잎은 마주나기도 하고, 어긋나기도 한다. 어린잎과 순을 데쳐 신맛을 우려내고 초고추장에 찍어 먹거나, 무쳐 먹는다. 잎은 부스럼 따위에 약으로 쓴다. 꽃을 보려고 심어 가꾸기도 한다.

나물 할 때
봄

나물 하는 방법
어린순을 뜯는다.

추천 음식
데쳐서 초고추장 찍어 먹거나 무침

나물 하기 좋은 때(4월 22일).

꽃 핀 모습(8월 25일).

이 때도 나물 하기 좋다(4월 21일).

자라는 모습(7월 28일).

꽃봉오리가 맺힌 모습(8월 24일).

기린초

돌나물과 | 여러해살이풀

크기 30cm 정도
꽃 피는 때 6~7월
자라는 곳 산의 풀밭과 바위 틈

어린순이 올라올 때 꽃처럼 예쁘다. 돌나물같이 생긴 꽃이 예뻐서 심어 가꾸기도 한다. 어린순을 생으로 무치거나 쌈 싸 먹고, 데쳐서 초고추장이나 된장에 무친다. 데친 나물을 소금과 참기름으로 간해 김밥에 넣으면 색깔이 예쁘고 맛도 좋다. 볶거나 무친 나물을 비빔밥에 넣어도 맛있다.

나물 할 때
봄

나물 하는 방법
부드러운 순을 뜯는다.

추천 음식
생으로 무치거나 쌈, 데쳐서 무치거나 볶음, 김밥, 비빔밥

나물 하기 좋은 때(4월 14일).

꽃 핀 모습(5월 31일).

이 때도 나물 하기 좋다(4월 16일).

잎이 자란 모습(4월 22일).

뜯은 나물(4월 15일).

기린초와 봄나물 쌈(4월 22일).

노루오줌

범의귀과 | 여러해살이풀

크기 30~70cm
꽃 피는 때 7~8월
자라는 곳 산과 들의 축축한 곳

뿌리에서 노루 오줌 냄새가 나 붙은 이름이다. 꽃에서도 누린내가 난다. 싹이 올라올 때 긴 털이 많다. 꽃차례는 먼지떨이같이 생겼다. 산이나 들의 냇가, 물기가 많은 곳에서 잘 자란다. 어린잎을 데쳐서 무치거나, 된장국을 끓인다. 전체를 가스가 나오게 하거나, 기침을 멎게 하는 약 따위로 쓴다.

나물 할 때
봄

나물 하는 방법
부드러운 잎을 뜯는다.

추천 음식
데쳐서 무침, 된장국

나물 하기 좋은 때(4월 21일).

꽃 핀 모습(8월 24일).

싹(3월 26일).

드러난 뿌리(3월 30일).

바위취

범의귀과 | 여러해살이풀

크기 60cm 정도
꽃 피는 때 5월
자라는 곳 축축한 곳

바위 틈에서 잘 자라 바위취다. 꽃이 곱고, 잎도 사철 푸르러 심어 가꾸기도 한다. 하얀 잎맥이 보이는 깔끔한 잎은 두껍고 털이 많다. 부드러운 잎을 따서 쌈 싸 먹거나, 고춧가루와 양념을 넣고 무친다. 데쳐서 무치기도 하고, 튀김을 해도 맛있다. 꽃을 따서 꽃밥을 만들어도 좋다.

나물 할 때
봄~여름

나물 하는 방법
잎 – 부드러운 잎을 뜯는다.
꽃 – 꽃받침째 딴다.

추천 음식
잎 – 쌈, 생으로나 데쳐서 무침, 튀김
꽃 – 꽃밥

나물 하기 좋은 때(4월 17일).

꽃 핀 모습(5월 30일).

바위취 쌈(6월 15일).

바위취 꽃밥(6월 15일).

바위취 잎 튀김(7월 15일).

산나물

나물 하기 좋은 때(5월 13일).

꽃 핀 모습(6월 23일).

열매(7월 23일).

숲 속 그늘에서 자라는 모습(5월 7일).

뜯은 나물(5월 20일).

묵나물(5월 10일).

눈개승마(삼나물)

장미과 | 여러해살이풀

크기 30~100cm
꽃 피는 때 5~8월
자라는 곳 높은 산

울릉도에서는 삼 잎을 닮았다고 삼나물, 쫄깃한 쇠고기 맛이 나서 고기나물이라고도 한다. 강원도에서는 뻬뚝바리, 찔뚝바리라고 한다. 어린순을 데쳐서 고추장이나 초고추장에 무치고, 묵나물로 먹기도 한다. 울릉도에서는 잔치나 명절에 국을 끓이고, 제사 나물로 쓴다. 비빔밥, 찌개, 잡채, 탕에도 넣는다.

나물 할 때
봄

나물 하는 방법
잎이 퍼지기 전에 밑동을 뜯는다.

추천 음식
데쳐서 고추장·초고추장 무침, 묵나물 볶음, 국, 비빔밥, 찌개, 잡채, 탕

눈개승마 초고추장 무침(5월 20일).

눈개승마 묵나물 초고추장 무침(9월 19일).

눈개승마 묵나물 볶음(5월 10일).

산나물

양지꽃

장미과 | 여러해살이풀

크기 30~50cm
꽃 피는 때 3~7월
자라는 곳 산과 들의 양지쪽 풀밭

양지에서 핀다고 양지꽃이다. 작은 잎 5~13장이 위의 세 장은 크고, 밑으로 갈수록 작아진다. 이른 봄에 연한 잎과 순을 다른 나물과 함께 데쳐서 된장이나 간장에 무친다. 된장국을 끓이거나 볶기도 한다. 꽃은 무침이나 샐러드에 올려 먹는다. 전체를 지혈, 설사, 이질 따위에 약으로 쓴다.

나물 할 때
봄

나물 하는 방법
잎 — 연한 잎과 순을 뜯는다.
꽃 — 꽃받침째 딴다.

추천 음식
잎 — 데쳐서 무침, 된장국, 볶음
꽃 — 무침, 샐러드

나물 하기 좋은 때(3월 2일).

꽃 핀 모습(4월 13일).

잎(4월 1일).

양지꽃 얹은 샐러드(4월 15일).

꽃받침(4월 1일).

이 때도 나물 하기 좋다(3월 1일).

나물 하기 좋은 때(3월 27일).

짚신나물(선학초)

장미과 | 여러해살이풀

크기 30~100cm
꽃 피는 때 6~8월
자라는 곳 산과 들의 풀밭

갈고리 같은 털이 있는 열매가 짚신에 달라붙어 먼 곳까지 퍼졌다 해서 짚신나물이다. 선학초라고도 한다. 어린잎이 갓 올라와 보드라울 때 다른 나물과 같이 데쳐서 무쳐 먹거나, 된장국을 끓인다. 전체를 암 치료와 지혈 따위에 약으로 쓴다.

나물 할 때
봄

나물 하는 방법
어린잎을 뜯는다.

추천 음식
데쳐서 무침, 된장국

꽃 핀 모습(7월 16일).

자란 잎(4월 14일).

옷에 잘 붙는 열매(7월 16일).   뜯은 나물(4월 14일).

뱀무

장미과 | 여러해살이풀

크기 25~100cm
꽃 피는 때 6~7월
자라는 곳 산과 들의 축축한 풀밭

부드러운 잎을 데쳐서 우려낸 뒤, 간장이나 된장에 무쳐 먹는다. 잎이 넓어 데쳐서 쌈으로 먹어도 된다. 무친 나물을 비빔밥에 넣고, 고추장이나 된장을 풀어 국을 끓이기도 한다. 뿌리는 생으로 된장이나 고추장에 박아 장아찌를 만든다. 한방에서는 전체를 이뇨제로 쓴다.

나물 할 때
봄

나물 하는 방법
잎 – 부드러운 잎을 뜯는다.
뿌리 – 캔다.

추천 음식
잎 – 데쳐서 무치거나 쌈, 비빔밥, 국
뿌리 – 장아찌

나물 하기 좋은 때(5월 8일).

꽃 핀 전체 모습(7월 28일).

줄기잎(7월 28일).

자란 잎(5월 8일).

어린 모습(5월 7일).

큰뱀무

장미과 | 여러해살이풀

크기 30~100cm
꽃 피는 때 6~7월
자라는 곳 산, 들

뱀무를 닮았는데, 전체가 뱀무보다 무성하고 큰 편이다. 뿌리잎과 어린순을 데쳐서 우려낸 뒤 무친다. 잎이 넓어 데쳐서 쌈으로 먹어도 된다. 무친 나물을 비빔밥에 넣거나, 된장국을 끓이기도 한다. 뿌리는 생으로 된장이나 고추장에 박아 장아찌를 만든다. 한방에서는 전체를 이뇨제로 쓴다.

나물 할 때
봄

나물 하는 방법
잎 - 뿌리잎과 어린순을 뜯는다.
뿌리 - 캔다.

추천 음식
잎 - 데쳐서 무치거나 쌈, 비빔밥, 된장국
뿌리 - 장아찌

나물 하기 좋은 때(3월 21일).

자란 모습(6월 2일).

자란 모습(6월 2일).

뜯은 나물(4월 9일).

큰뱀무 데친 쌈(5월 3일).

터리풀 나물 하기 좋은 때(5월 13일).

터리풀 꽃 핀 모습(7월 11일).

지리터리풀 꽃 핀 모습(7월 11일).

터리풀⊃지리터리풀

장미과 | 여러해살이풀

크기 100cm 정도
꽃 피는 때 6~8월
자라는 곳 높은 산 풀밭이나 숲 속

전체에 털이 거의 없고, 손바닥 모양 잎이 3~7 갈래로 갈라진다. 주로 높은 산에서 잘 자란다. 연한 잎을 데쳐서 된장이나 간장, 고추장에 무치고, 쌈이나 묵나물로 먹는다. 국을 끓이거나, 장아찌를 담가도 맛있다. 붉은 꽃이 피는 지리 터리풀도 같은 방법으로 먹는다.

나물 할 때
봄

나물 하는 방법
연한 잎을 뜯는다.

추천 음식
데쳐서 무치거나 쌈, 묵나물 볶음, 국, 장아찌

터리풀 뜯은 나물(5월 25일).

터리풀 데친 쌈(5월 26일).

터리풀 장아찌(6월 26일).

산나물 53

오이풀

장미과 | 여러해살이풀

크기 30~150cm
꽃 피는 때 7~10월
자라는 곳 산, 들

잎을 비비면 오이 냄새가 나서 오이풀이다. 작은 잎이 접힌 채 고개를 숙이고 올라온다. 어린잎을 생으로 무치거나, 쌈으로 먹는다. 다른 산나물과 데쳐서 된장이나 간장에 무치기도 한다. 잎이 금방 쇠므로 막 나와 접혀 있을 때 먹는다. 뿌리는 지유라 하여 지혈제로 쓴다.

나물 할 때
봄

나물 하는 방법
접힌 어린잎을 뜯는다.

추천 음식
쌈, 생으로나 데쳐서 무침

나물 하기 좋은 때(3월 29일).

꽃 핀 모습(8월 24일).

오이풀과 봄나물 무침(3월 23일).

뜯은 나물(3월 6일).

자라는 모습(4월 6일).

산오이풀

장미과 | 여러해살이풀

크기 30~80cm
꽃 피는 때 8~9월
자라는 곳 높은 산

산에서 자라고 잎에서 오이 냄새가 나 산오이풀이다. 오이풀보다 꽃이 화사하고 꽃차례가 크며, 아래로 늘어진다. 높은 산에서 뿌리줄기가 옆으로 뻗으며 자라 무리를 이룬다. 싹이 날 때 오이풀처럼 작은 잎이 포개어 나와 자라는데, 이 때 뜯어서 나물 한다. 어린잎을 다른 산나물과 함께 생으로나 데쳐서 무친다.

나물 할 때
봄

나물 하는 방법
접힌 어린잎을 뜯는다.

추천 음식
생으로나 데쳐서 무침

나물 하기 좋은 때(4월 15일).

꽃 핀 모습(7월 23일).

자란 잎(5월 13일).

꽃봉오리가 맺힌 모습(7월 21일).

나비나물
(콩대가리나물, 콩나물)

콩과 | 여러해살이풀

크기 30~100cm
꽃 피는 때 6~9월
자라는 곳 산, 들

잎이 나비 모양을 닮아 나비나물이다. 턱잎도 나비 모양을 닮았다. 어린잎이 콩 순을 닮아서 콩대가리나물, 콩나물이라고도 한다. 꽃이 지면 콩처럼 꼬투리가 달린다. 낮은 산이나 들의 풀밭에서 자라는 나물이다. 어린순을 다른 산나물과 데쳐서 간장이나 된장에 무치고, 국을 끓인다.

나물 할 때
봄

나물 하는 방법
어린순을 뜯는다.

추천 음식
데쳐서 무침, 국

나물 하기 좋은 때(4월 5일).

꽃 핀 모습(8월 30일).

이 때도 나물 하기 좋다(3월 25일).

뜯은 나물(4월 12일).

익어 벌어진 열매(11월 5일).

열매(11월 5일).

활량나물
(활장대, 달구벼슬)

콩과 | 여러해살이풀

크기 80~120cm
꽃 피는 때 7~8월
자라는 곳 산, 들

어린순이 올라오는 모습이 닭 볏 같다고 달구벼슬, 활장대, 콩대라고도 한다. 꽃이 피면 작은 장화를 조랑조랑 매단 것 같다. 꽃은 노란빛이다가 서서히 갈색이 짙어진다. 어린순을 데쳐서 돌돌 말아 초고추장에 찍어 먹거나, 다른 나물과 같이 데쳐서 된장이나 고추장에 무쳐 먹는다.

나물 할 때
봄

나물 하는 방법
어린순을 뜯는다.

추천 음식
데쳐서 초고추장 찍어 먹거나 무침

나물 하기 좋은 때(4월 20일).

꽃 핀 모습(7월 6일).

어린 모습(4월 22일).

열매 맺는 모습(7월 26일).

산나물 57

애기괭이밥

괭이밥과 | 여러해살이풀

크기 5~8cm
꽃 피는 때 4월 말~6월
자라는 곳 깊은 산의 골짜기

잎은 괭이밥처럼 거꾸로 된 심장 모양이다. 괭이밥 종류는 잎과 줄기가 신맛이 나서 목이 마를 때 씹으면 침이 고이고, 소화를 도와 준다. 어린잎을 생으로 무쳐 먹거나, 다른 나물과 같이 데쳐서 무친다. 비빔밥에 2~3장 얹으면 소화가 잘 되고 맛도 좋다.

나물 할 때
봄

나물 하는 방법
어린잎을 잎자루째 뜯는다.

추천 음식
생으로나 데쳐서 무침, 비빔밥

나물 하기 좋은 때(5월 13일).

꽃 핀 전체 모습(4월 27일).

잎 접은 모습(5월 14일).

꽃잎 펼쳐진 모습(4월 29일).

큰괭이밥

괭이밥과 | 여러해살이풀

크기 10~20cm
꽃 피는 때 3월 말~5월
자라는 곳 깊은 산 숲 속

괭이밥보다 크고, 잎 끝을 가위로 자른 것 같다. 꽃도 괭이밥보다 크고 흰데, 실핏줄같이 붉은 줄이 선명하다. 부드러운 잎을 생으로 비빔밥에 넣거나, 다른 나물과 같이 무쳐 먹는다. 다른 산나물과 데쳐서 무쳐도 맛있다. 신맛이 나서 목이 마를 때 한 잎 씹으면 침이 고인다.

나물 할 때
봄

나물 하는 방법
어린잎을 잎자루째 뜯는다.

추천 음식
비빔밥, 생으로나 데쳐서 무침

나물 하기 좋은 때. 잎 접은 모습(3월 25일).

꽃이 활짝 핀 모습(3월 25일).

고개 숙인 꽃(3월 25일).

오므린 꽃(3월 25일).

잎 펼쳐진 모습(4월 21일).

뜯은 나물(3월 25일).

고깔제비꽃

제비꽃과 | 여러해살이풀

크기 15cm 정도
꽃 피는 때 4~5월
자라는 곳 산의 숲 속

잎이 고깔처럼 말려서 나온다고 고깔제비꽃이다. 자라면 펴져서 심장 모양이 된다. 꽃이 피기 전이나 피고 나서 부드러운 잎을 쌈 싸 먹는다. 다른 나물과 무쳐도 맛있다. 데쳐서 무치기도 한다. 제비꽃 종류는 대개 먹을 수 있는데, 잎과 줄기가 연해 약한 불에 데쳐야 맛이 좋다.

나물 할 때
봄

나물 하는 방법
부드러운 잎을 뜯는다.

추천 음식
쌈, 생으로나 데쳐서 무침

나물 하기 좋은 때(4월 11일).

꽃 핀 모습(4월 14일).

어린 모습(3월 30일).

뜯은 나물(4월 12일).

자란 잎. 고깔 모양 잎이 펼쳐졌다(5월 7일).

남산제비꽃

제비꽃과 | 여러해살이풀

나물 하기 좋은 때(3월 22일).

크기 15cm 정도
꽃 피는 때 3월 말~5월
자라는 곳 산

앞산이나 뒷산에서 흔히 볼 수 있으며, 꽃 향기가 좋다. 이른 봄, 산길을 따라 걷다 보면 가랑잎을 비집고 올라와 핀 게 눈에 띈다. 어린잎은 잘게 갈라졌고, 자라면서 단풍잎처럼 넓어진다. 부드러운 잎을 뜯어 무치거나, 쌈으로 먹는다. 약한 불에 데쳐서 무쳐도 맛있다.

꽃 핀 전체 모습(3월 30일).

나물 할 때
봄

나물 하는 방법
꽃 피기 전이나 꽃 핀 뒤 부드러운 잎을 뜯는다.

추천 음식
쌈, 생으로나 데쳐서 무침

익은 열매(6월 29일).

넓어진 잎(4월 18일).

뜯은 나물(4월 12일).

남산제비꽃 무침(6월 2일).

산나물

졸방제비꽃(쪽박나물)

제비꽃과 | 여러해살이풀

크기 15~30cm
꽃 피는 때 5~6월
자라는 곳 산의 축축한 응달

나물 하기 좋은 때(4월 11일).

잎은 심장 모양이고, 끝이 뾰족하다. 잎이 쪽박을 닮았다 해서 쪽박나물이라고도 한다. 제비꽃 가운데 원줄기가 있는 종류라 나물을 하면 잘 불어나는 편이다. 뿌리잎이나 어린순을 데쳐서 간장, 된장, 고추장에 무쳐 먹는다. 같은 때 나는 이고들빼기나 다른 산나물과 섞어 먹으면 더 맛있다.

나물 할 때
봄

나물 하는 방법
뿌리잎이나 어린순을 뜯는다.

추천 음식
데쳐서 무침

꽃 핀 모습(5월 1일).

뜯은 나물(4월 11일).

어린 모습. 이 때도 나물 하기 좋다(3월 29일).

콩제비꽃(조갑지나물)

제비꽃과 | 여러해살이풀

크기 7~15cm
꽃 피는 때 4~5월
자라는 곳 들과 산기슭의 축축한 곳

뿌리잎이 콩팥 모양을 닮았고, 말린 듯 나와 자란다. 종발나물, 콩오랑캐, 조갑지나물이라고도 한다. 제비꽃 가운데 꽃이 작은 편이고, 원줄기가 있다. 뿌리잎과 어린순을 다른 나물과 데쳐서 된장이나 간장, 고추장에 무쳐 먹는다. 된장과 고추장을 넣고 조물조물 무쳐서 생선 조릴 때 깔아도 맛있다.

나물 할 때
봄

나물 하는 방법
뿌리잎과 어린순을 뜯는다.

추천 음식
데쳐서 무침, 생선 조림 밑나물

나물 하기 좋은 때(4월 6일).

꽃 핀 모습(4월 27일).

열매(7월 1일).

뜯은 나물(4월 12일).

나물 하기 좋은 때(5월 10일).

꽃 핀 모습(8월 20일).

자란 모습(5월 9일).

열매(9월 25일).

땅두릅 (독활)

두릅나무과 | 여러해살이풀

크기 150cm 정도
꽃 피는 때 7~8월
자라는 곳 산

독활이라고도 한다. 작은 나무처럼 보이지만 풀이며, 밭에 심어 가꾸기도 한다. 전체에 털이 있다. 봄에 올라오는 새순을 데쳐서 초고추장에 찍어 먹거나, 무쳐 먹는다. 튀김이나 전을 만들어도 좋다. 묵나물로 먹어도 향이 독특하다. 뿌리는 두통, 중풍 따위에 약으로 쓴다.

나물 할 때
봄

나물 하는 방법
새순을 꺾는다.

추천 음식
데쳐서 초고추장 찍어 먹거나 무침, 튀김, 전, 묵나물 볶음

뜯은 나물(5월 8일).

땅두릅 묵나물 볶음(5월 9일).

웃자란 땅두릅 나물(8월 24일).

땅두릅 튀김(4월 25일).

개시호

산형과 | 여러해살이풀

크기 50~130cm
꽃 피는 때 7~8월
자라는 곳 깊은 산

시호와 닮아서 개시호다. 전체가 커서 큰시호라고도 한다. 어릴 때는 줄기잎과 뿌리잎이 크고 넓어서 알아보기 어려우며, 줄기잎이 원줄기를 감싼다. 어린잎과 부드러운 순은 다른 산나물과 데쳐서 무치거나, 쌈 싸 먹는다. 뿌리는 열감기, 어지럼증 따위에 약으로 쓴다.

나물 할 때
봄~여름

나물 하는 방법
어린잎과 부드러운 순을 뜯는다.

추천 음식
데쳐서 무치거나 쌈

나물 하기 좋은 때(6월 11일).

꽃 핀 모습(7월 28일).

싹(5월 4일).

이 때도 나물 하기 좋다(7월 11일).

꽃 핀 전체 모습(7월 30일).

파드득나물

산형과 | 여러해살이풀

크기 30~60cm
꽃 피는 때 6~7월
자라는 곳 산의 숲 속

반디나물이라고도 한다. 참나물을 닮았고 향도 좋아 참나물이라 해서 팔기도 한다. 식당에서 쌈이나 무침으로 흔히 나온다. 부드러운 잎과 어린순을 쌈으로 먹거나 무치고, 부침개를 한다. 데쳐서 간장 양념으로 무쳐도 향긋하다. 심어 가꾸기도 한다.

나물 할 때
봄

나물 하는 방법
부드러운 잎과 어린순을 뜯는다.

추천 음식
쌈, 생으로나 데쳐서 무침, 부침개

나물 하기 좋은 때(5월 10일).

꽃 핀 모습(6월 8일).

이 때도 나물 하기 좋다(5월 9일).

뜯은 나물(5월 31일).

파드득나물 무침(5월 31일).

참반디 나물 하기 좋은 때(4월 11일).

참반디 꽃(7월 16일).

참반디 열매(9월 4일).

참반디 꽃 핀 전체 모습(7월 27일).

참반디 익은 열매(11월 26일).

참반디(반대나물)
애기참반디(밤나물)

산형과 | 여러해살이풀

크기 15~100cm
꽃 피는 때 7월
자라는 곳 산의 숲 속

잎이 반들반들해서 반대나물이라고도 한다. 뿌리잎은 잎자루가 길고, 줄기잎은 잎자루가 짧다. 부드러운 잎을 쌈으로 먹거나 무친다. 다른 나물과 데쳐서 우려내고 간장이나 된장에 무쳐도 맛있고, 국도 끓인다. 열매는 굽은 가시가 있어 동물 털에 잘 붙는다. 꽃이 밤 같다고 밤나물이라고도 하는 애기참반디도 같은 방법으로 먹는다.

나물 할 때
봄

나물 하는 방법
부드러운 잎을 뜯는다.

추천 음식
쌈, 생으로나 데쳐서 무침, 국

참반디. 이 때도 나물 하기 좋대(3월 23일).

애기참반디 나물 하기 좋은 때(4월 6일).

애기참반디(4월 6일).

참반디 뜯은 나물(4월 11일).

산나물

참나물 나물 하기 좋은 때(4월 22일).

참나물 꽃 핀 모습(7월 28일).

참나물 종류 싹(4월 11일).

참나물 종류 나물 하기 좋은 때(5월 13일).

참나물ㄱ
노루참나물, 큰참나물

산형과 | 여러해살이풀

큰참나물 나물 하기 좋은 때(4월 11일).

크기 50~80cm
꽃 피는 때 6~8월
자라는 곳 산의 숲 속 응달

나물 가운데 맛과 향이 으뜸이라고 참나물이다. 부드러운 잎을 쌈 싸 먹거나, 된장·초고추장을 찍어 먹고, 무쳐도 맛있다. 물김치를 담기도 한다. 데쳐서 무치거나 부침개에 넣고, 말려서 묵나물로도 먹는다. 참나물에 드는 건 모두 향과 맛이 좋다. 노루참나물, 큰참나물도 같은 방법으로 먹는다.

큰참나물 꽃(10월 2일).

나물 할 때
봄

나물 하는 방법
부드러운 잎을 뜯는다.

추천 음식
쌈, 된장·초고추장 찍어 먹기, 물김치,
생으로나 데쳐서 무침, 부침개, 묵나물 볶음

참나물 쌈(4월 23일).

참나물 부침개(4월 24일).

왜우산풀
(누리대, 누릿대, 누룩치)

산형과 | 여러해살이풀

크기 50~100cm
꽃 피는 때 6~7월
자라는 곳 높은 산

독특한 냄새가 난다. 먹으면 소화가 잘 되어 강원도에서는 엎드려 모내기를 할 때 귀하게 먹었다고 한다. 연한 잎과 잎자루를 고추장·된장에 찍어 먹거나, 썰어서 무친다. 된장이나 고추장에 박아 장아찌를 만들면 장맛이 좋아진다고 한다. 뿌리는 독이 강해 먹으면 안 된다.

나물 할 때
봄

나물 하는 방법
부드러운 잎을 잎자루째 뜯는다.

추천 음식
잎자루 장에 찍어 먹기, 무침, 장아찌

나물 하기 좋은 때(5월 31일).

꽃 핀 모습(7월 11일).

꽃이 피기 시작한 모습(6월 26일).

뜯은 나물(5월 31일).

잎자루 아래쪽 모습(6월 26일).

구릿대

산형과 | 여러해살이풀

크기 100~200cm
꽃 피는 때 6~8월
자라는 곳 산골짜기 물가

키가 큰 나물로 심어 가꾸기도 한다. 부드러운 잎과 어린순을 데쳐서 초고추장·된장에 찍어 먹거나, 무쳐 먹는다. 독특한 맛과 향이 나 꽃 피기 전까지 연한 순을 나물로 먹는다. 생선 찌개에 넣으면 비린내가 덜 나고 향긋하다. 뿌리는 진정 작용을 해서 두통이나 치통에 약으로 쓴다.

나물 할 때
봄~초여름

나물 하는 방법
부드러운 잎과 어린순을 뜯는다.

추천 음식
데쳐서 장 찍어 먹거나 무침, 생선 찌개 밑나물

나물 하기 좋은 때(4월 26일).

꽃 핀 모습(8월 24일).

이 때도 연한 잎은 나물 할 수 있다(5월 19일).

뜯은 나물(5월 25일).

구릿대 나물(5월 30일).

나물 하기 좋은 때(3월 23일).

꽃 핀 모습(9월 4일).

이 때도 나물 하기 좋다(4월 11일).

자란 잎(6월 18일).

바디나물
(까막발나물, 바디재이)

산형과 | 여러해살이풀

크기 80~150cm
꽃 피는 때 8~9월
자라는 곳 산이나 들의 축축한 곳

바디재이, 잎이 세 장으로 잘 나서 까마귀 발을 닮았다고 까막발나물이라고도 한다. 작은 잎이 세 장이거나, 여러 장이거나, 새 깃처럼 갈라진 것도 있다. 어린잎과 순을 무치거나 쌈으로 먹는다. 데쳐서 무쳐도 맛있다. 진달래처럼 예쁘게 전을 부쳐도 좋고, 갈아서 부쳐도 독특한 향이 난다.

나물 할 때
봄

나물 하는 방법
부드러운 잎과 어린순을 뜯는다.

추천 음식
쌈, 생으로나 데쳐서 무침, 전

바디나물 쌈(3월 23일).

바디나물과 봄나물 무칠 것(3월 22일).

바디나물 찹쌀전(4월 8일).

산나물 75

참당귀 나물 하기 좋은 때(4월 8일).

왜당귀 나물 하기 좋은 때(4월 25일).

참당귀 꽃은 자줏빛(8월 24일).

왜당귀 꽃은 흰 꽃(6월 1일).

참당귀 자란 모습(5월 10일).

참당귀 꽃봉오리가 맺힌 모습(7월 27일).

참당귀 ⊃ 왜당귀

산형과 | 여러해살이풀

크기 100~200cm
꽃 피는 때 8~9월
자라는 곳 산골짝 냇가 근처

전체에 털이 없고, 줄기에 자줏빛이 돈다. 어린 잎을 쌈으로 먹거나 무친다. 데쳐서 무쳐도 향이 좋다. 간장이나 고추장에 박아 장아찌를 만들고, 묵나물로도 먹는다. 뿌리는 당귀라 해서 월경 불순과 당뇨병 따위에 약으로 쓰며, 심어 가꾸기도 한다. 흰 꽃이 피는 왜당귀도 같은 방법으로 먹는다.

나물 할 때
봄

나물 하는 방법
부드러운 잎을 뜯는다.

추천 음식
쌈, 생으로나 데쳐서 무침, 장아찌, 묵나물 볶음

참당귀 쌈(4월 9일).

참당귀 장아찌(7월 27일).

왜당귀 쌈(4월 15일).

왜당귀 무침(4월 20일).

나물 하기 좋은 때(4월 2일).

꽃 핀 모습(9월 15일).

싹(4월 2일).

궁궁이

산형과 | 여러해살이풀

크기 80~150cm
꽃 피는 때 8~9월
자라는 곳 산골짜기

산골짜기 개울가에 자라서 도랑대라고도 한다. 천궁이라고도 하는데, 주로 심어 가꾸는 것을 말한다. 연한 잎과 어린순을 무치거나 쌈으로 먹는다. 데쳐서 무치거나, 전을 부치기도 한다. 잎이 커서 다른 나물과 섞지 않고 한 가지만 데쳐서 쌈으로 먹어도 맛있다.

나물 할 때
봄~초여름

나물 하는 방법
연한 잎과 어린순을 뜯는다.

추천 음식
생으로나 데쳐서 쌈·무침, 전

자란 모습(4월 8일).

뜯은 나물(3월 30일).

궁궁이 무침(3월 25일).

궁궁이 찹쌀전(3월 26일).

나물 하기 좋은 때(3월 30일).

꽃 핀 모습(9월 8일).

싹. 이 때도 나물 하기 좋다(3월 24일).

자란 잎(4월 20일).

여름 잎(6월 3일).

묏미나리 쌈(3월 20일).

묏미나리 무침(3월 25일).

묏미나리
(멧미나리, 민미나리)

산형과 | 여러해살이풀

크기 100cm 정도
꽃 피는 때 8~9월
자라는 곳 산골짜기 축축한 곳

미나리를 닮았고 산에서 자라 묏미나리다. 멧미나리, 민미나리라고도 한다. 산골짜기 물가나 축축한 곳에서 자란다. 부드러운 어린잎을 쌈이나 무쳐 먹는다. 양념을 해서 비빔밥에 넣거나, 데쳐서 무치기도 한다. 부침개를 해도 맛있다. 어릴 때는 잎자루와 줄기에 자줏빛이 도는데, 자라면서 점점 옅어진다.

나물 할 때
봄

나물 하는 방법
부드러운 어린잎을 뜯는다.

추천 음식
쌈, 생으로나 데쳐서 무침, 비빔밥, 부침개

산나물

기름나물 나물 하기 좋은 때(4월 14일).

기름나물 꽃 핀 모습(10월 11일).

기름나물 자란 잎(5월 21일).

기름나물ᄀ
산기름나물

산형과 | 여러해살이풀

크기 30~90cm
꽃 피는 때 7~10월
자라는 곳 산의 양지쪽 풀밭

새 깃 모양으로 갈라지는 잎이 향긋하고 고소하다. 어린잎은 생으로 쌈이나 무쳐 먹고, 데쳐서 무쳐도 맛있다. 잎과 줄기는 기름을 바른 듯 반질반질하다. 연한 순은 꽃이 피기 전까지 먹을 수 있다. 뿌리는 석방풍이라 해서 기관지염, 중풍 따위에 약으로 쓴다. 심어 가꾸기도 한다. 산기름나물도 같은 방법으로 먹는다.

나물 할 때
봄~초여름

나물 하는 방법
어린잎과 순을 뜯는다.

추천 음식
쌈, 생으로나 데쳐서 무침

기름나물 줄기 올라온 모습(7월 16일).

산기름나물 나물 하기 좋은 때(4월 28일).

산기름나물 줄기잎과 꽃(8월 30일).

데친 기름나물(4월 25일).

어수리(으너리)

산형과 | 여러해살이풀

크기 70~150cm
꽃 피는 때 7~8월
자라는 곳 산의 풀밭

으너리라고도 한다. 어린잎을 나물 해 먹는데, 향과 맛이 좋고 쫄깃하다. 생으로 쌈 싸 먹기도 하고, 데쳐서 쌈이나 무쳐 먹어도 맛있다. 다른 산나물과 섞어 무치면 맛이 잘 어우러진다. 된 장국을 끓이고, 된장이나 고추장으로 무쳐서 생선 조릴 때 깔아도 맛있다. 봄나물 부침개를 해도 좋다.

나물 할 때
봄

나물 하는 방법
어린잎 밑동을 뜯는다.

추천 음식
쌈, 데쳐서 쌈이나 무침, 된장국, 부침개, 생선 조림 밑나물

나물 하기 좋은 때(4월 25일).

꽃 핀 모습(8월 24일).

어수리 쌈(4월 25일).

자란 잎(6월 11일).

어린잎(4월 25일).

큰까치수염

앵초과 | 여러해살이풀

크기 50~100cm
꽃 피는 때 6~8월
자라는 곳 산과 들

큰까치수영, 개꼬리풀, 큰꽃꼬리풀이라고도 한다. 부드러운 잎과 어린순을 나물 해 먹는다. 신맛이 나서 데친 다음 찬물에 우려내고 무친다. 생으로 쌈을 싸 먹거나, 총총 썰어 비빔밥에 넣기도 한다. 산에서 목이 마를 때 한 잎 먹으면 침이 고인다. 전체를 인후염, 타박상, 신경통 따위에 약으로 쓴다.

나물 할 때
봄~초여름

나물 하는 방법
부드러운 잎과 어린순을 뜯는다.

추천 음식
쌈, 비빔밥, 데쳐서 무침

나물 하기 좋은 때(4월 17일).

꽃 핀 모습(7월 1일).

자란 모습(5월 24일).

꽃 진 모습(9월 26일).

마른 꽃차례(12월 25일).

앵초⊃큰앵초

앵초과 | 여러해살이풀

크기 15~40cm
꽃 피는 때 4~5월
자라는 곳 산의 축축한 곳

잎과 줄기에 털이 많다. 오톨도톨한 잎 가장자리에 물결 모양 톱니가 있다. 어린잎을 데쳐서 된장이나 간장에 무쳐 먹고, 된장국에 넣기도 한다. 꽃줄기 끝에 분홍빛 꽃이 모여 핀다. 꽃이 고와서 심어 가꾸기도 한다. 큰앵초도 같은 방법으로 먹는다.

나물 할 때
봄

나물 하는 방법
어린잎을 뜯는다.

추천 음식
데쳐서 무침, 된장국

앵초 나물 하기 좋은 때(4월 1일).

앵초 꽃 핀 모습(4월 10일).

앵초 열매(5월 30일).

큰앵초 잎(4월 24일).

큰앵초 꽃 핀 모습(5월 17일).

꼭두서니
갈퀴꼭두서니

꼭두서니과 | 여러해살이풀

크기 100cm 정도
꽃 피는 때 6~8월
자라는 곳 숲 가

뿌리로 꼭두색(빨간색)을 물들이는 풀이라고 꼭두서니다. 줄기는 네모나고, 잎 네 장이 돌려난다. 줄기와 잎자루, 잎 뒷면 맥 위에 짧은 가시가 있지만 연할 때 데치면 부드럽다. 어린순을 데쳐서 우려내고 쌈 싸 먹거나, 간장·된장에 무친다. 뿌리는 천근이라 하여 피를 토하거나 피똥이 나올 때 약으로 쓴다. 갈퀴꼭두서니도 같은 방법으로 먹는다

나물 할 때
봄

나물 하는 방법
부드러운 순을 뜯는다.

추천 음식
데쳐서 쌈이나 무침

꼭두서니 나물 하기 좋은 때(4월 6일).

꼭두서니 꽃 핀 모습(8월 31일).

꼭두서니 꽃(8월 31일).

꼭두서니 열매(9월 2일).

갈퀴꼭두서니 나물 하기 좋은 때(5월 3일).

꼭두서니 뜯은 나물(4월 12일).

산나물

솔나물

꼭두서니과 | 여러해살이풀

크기 50~100cm
꽃 피는 때 6~8월
자라는 곳 산과 들의 풀밭

잎이 소나무 잎을 닮았다 하여 솔나물이다. 양지바른 풀숲에서 잘 자라며, 줄기가 모여난다. 여름에 자잘한 노란 꽃이 뭉친 듯 핀다. 어린순을 다른 나물과 함께 데쳐서 된장이나 간장에 무치고, 쌈장에 찍어 먹는다. 된장국을 끓여도 맛있다. 자라면 쇠어 먹지 않는다.

나물 할 때
봄

나물 하는 방법
어린순을 뜯는다.

추천 음식
데쳐서 무치거나 쌈장 찍어 먹기, 된장국

나물 하기 좋은 때(3월 29일).

꽃 핀 모습(6월 21일).

뜯은 나물(4월 14일).

이 때도 나물 하기 좋다(4월 11일).

자란 모습(4월 14일).

당개지치

지치과 | 여러해살이풀

크기 30~40cm
꽃 피는 때 4월 말~6월
자라는 곳 산의 숲 속

잎 5~6장이 줄기 위쪽에 촘촘해서 돌려난 것처럼 보인다. 중부 지방 위쪽뿐만 아니라 남부 지방에서도 자란다. 부드러운 순을 데쳐서 무쳐 먹는다. 묵나물로도 먹는데, 들기름을 넣고 볶으면 더 맛있다. 무리지어 자라는 곳에서 조금만 뜯는다. 전체를 신경통, 기침, 천식 따위에 약으로 쓴다.

나물 할 때
봄

나물 하는 방법
부드러운 순을 뜯는다.

추천 음식
데쳐서 무침, 묵나물 볶음

나물 하기 좋은 때(4월 22일).

꽃 핀 전체 모습(4월 21일).

싹(4월 22일).

꽃봉오리(4월 21일).

아래쪽 잎(4월 21일).

꽃이 진 모습(4월 22일).

산나물

덩굴꽃마리
(미물나물, 토끼귀나물)

지치과 | 여러해살이풀

크기 7~20cm
꽃 피는 때 4~6월
자라는 곳 산, 들

꽃마리랑 닮았는데 덩굴로 자라서 덩굴꽃마리다. 미물나물, 메물나물, 토끼귀나물이라고도 한다. 꽃마리보다 크고, 산이나 들의 기름진 곳에 자란다. 꽃은 연한 하늘빛, 흰빛, 연분홍빛을 띤다. 줄기 위쪽에 총상화서로 꽃이 조르르 달리는 게 참꽃마리와 다르다. 어린잎과 순을 생으로나 데쳐서 무치고, 부침개도 한다.

나물 할 때
봄

나물 하는 방법
어린잎과 순을 뜯는다.

추천 음식
생으로나 데쳐서 무침, 부침개

나물 하기 좋은 때(4월 5일).

꽃 핀 모습(4월 17일).

싹(3월 29일).

뜯은 나물(4월 12일).

참꽃마리

지치과 | 여러해살이풀

크기 10~15cm
꽃 피는 때 4~7월
자라는 곳 산이나 들의 축축한 곳

꽃이 꽃마리를 닮았는데, 전체가 훨씬 크다. 산이나 들의 습한 곳에서 자란다. 덩굴꽃마리와 더 많이 닮았는데, 꽃이 잎겨드랑이나 줄기 중간에 달리는 게 다르다. 덩굴꽃마리는 줄기 위쪽에 꽃이 모여 총상화서로 핀다. 어린잎과 순을 생으로나 데쳐서 무치거나, 부침개를 한다.

나물 할 때
봄

나물 하는 방법
어린잎과 순을 뜯는다.

추천 음식
생으로나 데쳐서 무침, 부침개

나물 하기 좋은 때(5월 13일).

꽃 핀 모습(6월 11일).

싹 나는 모습(5월 13일).

순 자라는 모습(6월 11일).

골무꽃 나물 하기 좋은 때(3월 21일).

골무꽃 싹(3월 3일).

골무꽃 꽃봉오리(4월 30일).

골무꽃 꽃 핀 모습(5월 17일).

골무꽃 열매 전체(5월 31일).

골무꽃⊃광릉골무꽃

꿀풀과 | 여러해살이풀

크기 15~30cm
꽃 피는 때 4월 말~6월
자라는 곳 산기슭, 숲 가장자리

열매가 골무를 닮았다고 골무꽃이다. 전체에 털이 많고, 줄기는 네모나다. 입술 모양 꽃이 한쪽을 보고 다닥다닥 피며, 아랫입술꽃잎에 자줏빛 점이 있다. 어린순을 데쳐서 무치거나, 된장국을 끓여 먹는다. 생선 조림 때 깔아도 맛있다. 광릉골무꽃도 같은 방법으로 먹는다.

나물 할 때
봄

나물 하는 방법
어린순을 뜯는다.

추천 음식
데쳐서 무침, 된장국, 생선 조림 밑나물

광릉골무꽃 싹. 이 때 나물 하기 좋다(4월 10일).

광릉골무꽃 어린 모습(4월 30일).

광릉골무꽃 꽃 핀 모습(6월 6일).

나물 하기 좋은 때(4월 2일).

꽃 핀 모습(5월 17일).

이 때도 나물 하기 좋다(3월 23일).

벌깨덩굴

꿀풀과 | 여러해살이풀

크기 15~30cm
꽃 피는 때 5~6월
자라는 곳 산기슭 응달

이른 봄에 뜯는 산나물이다. 산기슭 골짜기에 무리지어 자란다. 덩굴로 자라고 배초향(방아) 잎을 닮아 줄방아나물이라고도 한다. 꽃이 피기 전까지 어린순을 데쳐서 된장이나 간장, 고추장에 무치거나 국을 끓인다. 맛이 부드럽고 향기도 좋다. 꽃봉오리가 벌어지면 먹지 않는다.

나물 할 때
봄

나물 하는 방법
어린순을 뜯는다.

추천 음식
데쳐서 무침, 국

이 때도 부드러워 나물 하기 좋다(4월 11일).

덩굴로 자란 모습(7월 9일).

뜯은 나물(4월 11일).

벌깨덩굴 무침(4월 6일).

꿀풀

꿀풀과 | 여러해살이풀

크기 15~30cm
꽃 피는 때 5~7월
자라는 곳 산과 들의 풀밭

꽃을 뽑아 밑 부분을 빨면 달콤한 꿀이 나와서 꿀풀이다. 꿀방망이라고도 하며, 줄기에 보랏빛 도는 어린순이 가지 순을 닮아 가지나물이라고도 한다. 산길이나 무덤 가에서 잘 자란다. 어린 줄기와 잎을 데쳐서 된장이나 고추장, 간장에 무쳐 먹는다. 줄기와 잎은 고혈압에 약으로 쓰고, 차로 마시기도 한다.

나물 할 때
봄

나물 하는 방법
어린순을 뜯는다.

추천 음식
데쳐서 무침

나물 하기 좋은 때(4월 11일).

꽃 핀 모습(5월 29일).

자라는 모습(4월 17일).

뜯은 나물(4월 19일).

꽃이 지고 마른 모습(6월 21일).

자란 모습(4월 20일).

광대수염

꿀풀과 | 여러해살이풀

크기 30~50cm
꽃 피는 때 4월 말~6월
자라는 곳 산과 들의 축축한 곳

꽃이 광대나물과 닮았고, 꽃받침에 난 털이 수염 같다고 광대수염이다. 낮은 산이나 들의 축축한 곳에 자란다. 꽃봉오리가 생기기 전에 부드러운 잎과 줄기를 데쳐서 된장이나 간장에 무쳐 먹는다. 데쳐서 들기름에 볶기도 하고, 생선을 조릴 때 바닥에 깔아도 맛있다. 묵나물로 먹기도 한다.

나물 할 때
봄

나물 하는 방법
어린순을 뜯는다.

추천 음식
데쳐서 무치거나 볶음, 생선 조림 밑나물, 묵나물 볶음

나물 하기 좋은 때(4월 17일).

자란 모습(4월 21일).싹(3월 19일).

싹(3월 19일).

뜯은 나물(4월 17일).

산나물

쥐깨풀

꿀풀과 | 한해살이풀

크기 20~50cm
꽃 피는 때 7~9월
자라는 곳 산과 들의 축축한 곳이나 그늘진 곳

열매가 들깨와 닮았고, 야생으로 자라는 작은 풀이라서 쥐깨풀이다. 산과 들의 축축한 곳에서 잘 자란다. 어린순은 다른 나물과 데쳐서 된장이나 간장에 무친다. 생선 조릴 때 깔고, 된장국도 끓인다. 독특한 냄새가 나는데, 전체를 구충제나 방부제, 냄새를 없애는 약 따위로 쓴다.

나물 할 때
여름

나물 하는 방법
어린순을 뜯는다.

추천 음식
데쳐서 무침, 생선 조림 밑나물, 된장국

나물 하기 좋은 때(8월 2일).

꽃 핀 모습(9월 17일).

나물 된장찌개(8월 31일).

뜯은 나물(8월 31일).

자라는 모습(9월 14일).

쉽싸리(굼비나물)
애기쉽싸리

꿀풀과 | 여러해살이풀

크기 100cm 정도
꽃 피는 때 6~8월
자라는 곳 습지 둘레

쉽사리, 굼비나물이라고도 한다. 곧게 서는 줄기가 네모나고, 흰 털이 있다. 잎은 마주나고, 가장자리에 톱니가 고르다. 희고 자잘한 꽃이 잎겨드랑이에 돌려 핀다. 어린순을 다른 나물과 데쳐서 무치면 맛있다. 산후의 자궁 어혈 같은 어혈을 푸는 데 좋다. 애기쉽싸리도 같은 방법으로 먹는다.

나물 할 때
봄

나물 하는 방법
어린순을 뜯는다.

추천 음식
데쳐서 무침

쉽싸리 나물 하기 좋은 때(5월 7일).

쉽싸리 싹. 이 때도 나물 하기 좋다(4월 1일).

애기쉽싸리 순(6월 15일).

애기쉽싸리 꽃(8월 2일).

쉽싸리 꽃 핀 모습(8월 9일).

층층이꽃
산층층이

꿀풀과 | 여러해살이풀

크기 15~40cm
꽃 피는 때 7~8월
자라는 곳 산, 들

층층이꽃 나물 하기 좋은 때(5월 27일).

꽃이 잎겨드랑이에 빙 둘러 피는데, 층층이 핀다고 층층이꽃이다. 줄기 전체에 털이 있으며, 원줄기는 네모나고 곧추선다. 윗부분에서 가지가 갈라진다. 어린순을 다른 나물과 같이 데쳐서 무친다. 볶거나 국을 끓이기도 한다. 줄기와 잎은 6월쯤 말려서 옴 치료약으로 쓴다. 산층층이도 같은 방법으로 먹는다.

나물 할 때
봄

나물 하는 방법
어린순을 뜯는다.

추천 음식
데쳐서 무침, 볶음, 국

층층이꽃 꽃 핀 모습(8월 6일).

산층층이 잎(8월 17일).

산층층이 꽃 핀 모습(8월 22일).

속단

꿀풀과 | 여러해살이풀

크기 100cm 정도
꽃 피는 때 7월
자라는 곳 산

뿌리줄기를 약으로 쓰면 뼈가 끊어졌을 때 이어 준다고 끊을 속, 이을 단을 써서 속단이다. 숲 속 나무 그늘에서 잘 자라는데, 나물 할 무렵에 보면 잎이 큰 편이다. 자랄수록 위쪽 잎이 작아진다. 꽃에는 보드라운 털이 많다. 부드러운 잎과 어린순을 데쳐서 쌈이나 무쳐 먹고, 장아찌를 담기도 한다.

나물 할 때
봄

나물 하는 방법
부드러운 잎과 어린순을 뜯는다.

추천 음식
데쳐서 쌈이나 무침, 장아찌

나물 하기 좋은 때(5월 13일).

꽃 핀 전체 모습(7월 23일).

자란 잎(5월 11일).

줄기 갈라지는 모습(6월 26일).

산나물 101

향유 잎. 어린잎과 순을 나물 한다(7월 15일).

꽃향유 꽃 핀 모습(10월 14일).

꽃향유 뜯은 나물(7월 20일).

향유 꽃 핀 모습(10월 13일).

향유 뜯은 나물(7월 15일).

향유ㄱ꽃향유

꿀풀과 | 한해살이풀

크기 30~60cm
꽃 피는 때 9~10월
자라는 곳 산과 들의 길가, 빈 터

향기 나는 기름을 짜는 풀이라고 향유다. 꽃향유는 향유보다 잎이 짧으며, 꽃이 탐스럽고 빛깔이 짙다. 부드러운 순을 데쳐서 간장이나 된장에 무쳐 먹는다. 된장찌개를 끓이고, 쌀가루나 밀가루를 묻혀 튀김도 한다. 기름은 목욕 세제나 향수 따위에 쓰고, 전체를 감기와 두통, 설사 따위에 약으로 쓴다. 꽃향유도 같은 방법으로 먹는다.

나물 할 때
여름

나물 하는 방법
부드러운 순을 뜯는다.

추천 음식
데쳐서 무침, 된장찌개, 튀김

향유 튀김(9월 2일).

꽃향유 튀김(9월 2일).

나물 된장찌개(7월 8일).

나물 하기 좋은 때(6월 19일).

꽃 핀 모습(9월 9일).

어린 모습(7월 23일).

산박하

꿀풀과 | 여러해살이풀

크기 40~100cm
꽃 피는 때 6~10월
자라는 곳 산의 풀밭

박하사탕 향이 나는 박하랑은 냄새도, 모양도 다르다. 줄기는 네모나고, 잎은 잎자루에 날개가 있다. 마주나는 잎이 줄기 끝까지 난 것이 많다. 산에서 흔히 자라며, 부드러운 순을 데쳐서 다른 나물과 섞어 된장이나 간장에 무친다. 된장찌개를 끓이고, 생선 조릴 때 깔아도 맛있다.

나물 할 때
여름

나물 하는 방법
부드러운 순을 뜯는다.

추천 음식
데쳐서 무침, 된장찌개, 생선 조림 밑나물

자란 줄기와 잎(8월 29일).

꽃 핀 전체 모습(9월 30일).

뜯은 나물(7월 9일).

나물 된장찌개(7월 2일).

나물 하기 좋은 때(4월 1일).

꽃 핀 모습(9월 19일).

꽃이 지는 전체 모습(10월 9일).

싹. 이 때도 나물 하기 좋다(4월 8일).

자란 모습(4월 21일).

꽃 필 무렵 잎(9월 19일).

방아풀

꿀풀과 | 여러해살이풀

크기 40~100cm
꽃 피는 때 8~10월
자라는 곳 산과 들의 풀밭

경상도 지방에서 추어탕에 넣어 먹는 배초향(방아)과 다르다. 방아풀은 산과 들에서 절로 자라는 풀이고, 배초향보다 잎이 크며 향도 다르다. 가지를 많이 치고, 잎과 꽃줄기가 마주난다. 어린순을 데쳐서 우려낸 다음 무치거나, 된장국을 끓인다. 꽃이 핀 줄기를 잘라 복통이나 소화 불량에 약으로 쓴다.

나물 할 때
봄

나물 하는 방법
어린순을 뜯는다.

추천 음식
데쳐서 무침, 된장국

가까이에서 본 꽃(9월 19일).

송이풀 나물 하기 좋은 때(5월 13일).

마주송이풀 싹(4월 26일).

송이풀 꽃 핀 모습(8월 24일).

송이풀⊃마주송이풀

현삼과 | 여러해살이풀

크기 30~70cm
꽃 피는 때 8~9월
자라는 곳 높은 산 풀밭

꽃이 줄기 끝에 뒤틀어지듯 돌려 핀다. 잎은 어긋나고, 가장자리에 톱니가 고르다. 어린순을 데쳐서 간장이나 된장에 무치고, 국을 끓여 먹는다. 다른 산나물과 섞어서 무쳐도 맛이 잘 어우러진다. 잎이 마주난 마주송이풀도 같은 방법으로 먹는다.

나물 할 때
봄

나물 하는 방법
어린순을 뜯는다.

추천 음식
데쳐서 무침, 국

잎이 마주난 마주송이풀(6월 11일).

송이풀 꽃봉오리가 맺힌 모습(8월 24일).

송이풀 꽃 핀 전체 모습(8월 24일).

나물 하기 좋은 때(4월 20일).

꽃 핀 모습(9월 2일)

여름 모습(7월 1일).

뚝갈

마타리과 | 여러해살이풀

크기 80~100cm
꽃 피는 때 8~10월
자라는 곳 산과 들의 풀밭

잎에 흰 털이 많다. 마타리와 닮았는데, 흰 꽃이 핀다. 뿌리에서 장 썩는 냄새가 나며, 흰 꽃이 핀다고 백화패장이라 한다. 봄에 돋는 어린잎과 순을 다른 산나물과 데쳐서 무치거나, 묵나물로 먹고 된장국도 끓인다. 뿌리는 진통제, 해독제 따위로 쓴다.

나물 할 때
봄

나물 하는 방법
어린잎과 순을 뜯는다.

추천 음식
데쳐서 무침, 묵나물 볶음, 된장국

잎이 갈라지지 않은 모습(5월 7일).

잎이 갈라진 모습(4월 18일).

뜯은 나물(4월 30일).

뚝갈 나물(4월 30일).

산나물 111

마타리

마타리과 | 여러해살이풀

크기 60~150cm
꽃 피는 때 7월 말~10월
자라는 곳 산과 들의 풀밭

자잘한 노란 꽃이 우산 살 모양으로 모여 핀다. 잎이 뚝갈과 비슷한데, 갈라진 것도 있고 갈라지지 않은 것도 있다. 뿌리에서 장 썩는 냄새가 나며, 노란 꽃이 핀다고 황화패장이라 한다. 잎과 어린순을 다른 산나물과 데쳐서 무치거나, 묵나물로 먹고 된장국도 끓인다.

나물 할 때
봄

나물 하는 방법
어린잎과 순을 뜯는다.

추천 음식
데쳐서 무침, 묵나물 볶음, 된장국

나물 하기 좋은 때(4월 25일).

꽃 핀 전체 모습(8월 24일).

꽃(8월 13일).

자란 모습(5월 31일).   여름 잎(6월 17일).

쥐오줌풀(꽃나물)

마타리과 | 여러해살이풀

크기 40~80cm
꽃 피는 때 5~8월
자라는 곳 산의 풀밭이나 응달

뿌리에서 쥐 오줌 냄새가 난다고 쥐오줌풀이다. 바구니나물, 꽃 달린 어린순을 나물 해 먹어서 꽃나물이라고도 한다. 어린순을 데쳐서 된장이나 간장, 고추장에 무치고, 생선 조릴 때 깔아도 맛있다. 약하지만 독이 있으므로 데쳐서 우려내고 먹는다.

나물 할 때
봄

나물 하는 방법
어린순을 뜯는다.

추천 음식
데쳐서 무침, 생선 조림 밑나물

나물 하기 좋은 때(5월 4일).

꽃 핀 모습(5월 9일).

자라는 모습(5월 7일).

어린 모습(4월 26일).

꽃봉오리(4월 25일).

잔대 종류 나물 하기 좋은 때(4월 7일).

잔대 꽃 핀 모습(8월 24일).

당잔대 꽃(9월 28일).

층층으로 꽃 핀 잔대 종류(8월 29일).

잔대(딱주) ⊃당잔대

도라지과 | 여러해살이풀

크기 50~100cm
꽃 피는 때 7~10월
자라는 곳 산

딱주라고도 한다. 잎에 털이 많고, 뜯으면 흰 즙이 나온다. 어린순을 무치거나 쌈으로 먹는다. 데쳐서 무치거나 묵나물로 먹기도 한다. 도라지처럼 뿌리도 먹는데, 쓴맛이 나지 않는다. 껍질을 벗긴 뿌리는 초고추장이나 된장을 찍어 먹는다. 더덕처럼 무침이나 구이도 한다. 뿌리를 사삼이라 해서 진해, 거담, 해열, 강장 따위에 약으로 쓴다. 당잔대도 같은 방법으로 먹는다.

나물 할 때
봄

나물 하는 방법
잎 – 어린순을 뜯는다.
뿌리 – 큰 것만 캔다.

추천 음식
잎 – 생으로 무치거나 쌈, 데쳐서 무침, 묵나물 볶음
뿌리 – 초고추장이나 된장 찍어 먹기, 무침, 구이

당잔대 뿌리잎(10월 24일).

잔대 종류 싹(4월 1일).

잔대 종류 싹(4월 21일).

산나물

모시대(모시딱주)

초롱꽃과 | 여러해살이풀

크기 40~100cm
꽃 피는 때 7~9월
자라는 곳 산의 숲

모싯대, 뿌리를 잔대처럼 먹을 수 있어서 모시잔대, 모시딱지, 모시딱주라고도 한다. 잎은 윤기가 나고 끝이 뾰족하며, 톱니가 날카롭다. 잎과 어린순을 무치거나, 쌈으로 먹는다. 튀겨도 맛있다. 다른 산나물과 데쳐서 된장이나 간장에 무치기도 한다. 뿌리는 거담제, 해독제 따위로 쓴다.

나물 할 때
봄~초여름

나물 하는 방법
부드러운 잎과 어린순을 뜯는다.

추천 음식
쌈, 생으로나 데쳐서 무침, 튀김

나물 하기 좋은 때(6월 11일).

꽃 핀 모습(8월 24일).

모시대 쌈(6월 12일).

싹(4월 6일).

꽃봉오리가 맺힌 모습(7월 23일).

나물 하기 좋은 때(7월 27일).

꽃 핀 모습(7월 27일).

만삼
초롱꽃과 | 여러해살이풀

크기 200cm 정도
꽃 피는 때 7~8월
자라는 곳 깊은 산

잎과 줄기를 자르면 흰 즙이 나온다. 더덕과 닮았지만 줄기가 가늘고, 잎이 작고 여리며, 꽃도 훨씬 작다. 전체에서 향긋한 냄새가 난다. 연한 순을 생으로 무치거나, 다른 나물과 같이 쌈을 싸 먹는다. 꽃봉오리도 잎처럼 생으로 먹는다. 뿌리는 가래와 기침 따위에 약으로 쓰며, 심어 가꾸기도 한다.

나물 할 때
봄~여름

나물 하는 방법
연한 순과 꽃봉오리를 딴다.

추천 음식
무침, 쌈

덩굴로 자라는 모습(7월 28일).

꽃(7월 27일). 가까이에서 본 꽃(8월 19일).

심어 가꾼 뿌리(7월 28일).

산나물

초롱꽃 나물 하기 좋은 때(5월 15일).

초롱꽃 꽃 핀 모습(6월 15일).

섬초롱꽃 꽃(6월 8일).

섬초롱꽃 나물 하기 좋은 때(5월 8일).

섬초롱꽃 자란 모습(5월 9일).

초롱꽃⊃섬초롱꽃

초롱꽃과 | 여러해살이풀

크기 30~100cm
꽃 피는 때 5월 말~8월
자라는 곳 산, 들

꽃이 초롱 같다고 초롱꽃이다. 어린잎을 무치거나, 쌈으로 먹는다. 데쳐서 무치거나 묵나물로 먹기도 한다. 꽃 속에 밥이나 반찬을 넣고 꽃밥을 만들어도 좋다. 꽃은 꽃자루째 뜯어서 끓는 물에 살짝 데친 다음 새콤달콤하게 초무침을 한다. 약하지만 독이 있으니 많이 먹지 않는 게 좋다. 섬초롱꽃도 같은 방법으로 먹는다.

나물 할 때
봄

나물 하는 방법
잎 - 부드러운 잎을 뜯는다.
꽃 - 꽃자루째 뜯는다.

추천 음식
잎 - 쌈, 생으로나 데쳐서 무침, 묵나물 볶음
꽃 - 꽃밥, 초무침

초롱꽃 쌈(5월 15일).

초롱꽃 무침(5월 13일).

섬초롱꽃 뜯은 나물(5월 5일).

섬초롱꽃 무침(5월 5일).

산나물

자주꽃방망이

초롱꽃과 | 여러해살이풀

크기 40~100cm
꽃 피는 때 7~8월
자라는 곳 산의 풀밭

나물 하기 좋은 때(4월 3일).

빙 둘러 핀 자줏빛 꽃이 방망이 같다고 자주꽃방망이다. 산의 풀밭에서 자란다. 자줏빛 꽃에서 쑥 삐져나온 하얀 암술대가 귀엽다. 어린잎을 데쳐서 간장이나 된장에 무쳐 먹는다. 밀가루나 쌀가루를 묻혀 튀김도 하고, 된장국도 끓인다. 꽃이 고와 심어 가꾸기도 한다.

나물 할 때
봄

나물 하는 방법
어린잎을 뜯는다.

추천 음식
데쳐서 무침, 튀김, 된장국

꽃방망이가 된 모습(8월 25일).

꽃 핀 모습(8월 24일).

줄기잎(8월 25일).

아래쪽 줄기잎(8월 26일).

영아자

초롱꽃과 | 여러해살이풀

크기 50~100cm
꽃 피는 때 7~9월
자라는 곳 산

염아자라고도 한다. 뿌리잎은 잎자루가 무척 길고, 잎 가장자리에 둔한 톱니가 있다. 줄기잎은 심장 모양이고, 잎자루가 뿌리잎보다 짧으며, 가장자리에 날카로운 톱니가 있다. 뿌리잎과 어린순을 미나리처럼 초무침을 하거나, 고춧가루 양념으로 무치거나, 쌈으로 먹는다. 데쳐서 무쳐도 맛있다.

나물 할 때
봄

나물 하는 방법
부드러운 잎과 어린순을 뜯는다.

추천 음식
쌈, 초무침, 생으로나 데쳐서 무침

나물 하기 좋은 때(4월 13일).

꽃 핀 전체 모습(7월 28일).

싹(4월 13일).

꽃 필 무렵 줄기잎(7월 28일).

꽃 핀 모습(7월 28일).

산나물

나물 하기 좋은 때(5월 10일).

꽃 핀 모습(7월 27일).

싹(4월 11일).

더덕

초롱꽃과 | 여러해살이풀

크기 200cm 정도
꽃 피는 때 7월 말~9월
자라는 곳 산의 숲 속

줄기와 잎에 바람이 스치면 특유의 향이 난다. 잎과 줄기를 자르면 흰 즙이 나오는데, 더덕 뿌리 맛이 난다. 부드러운 잎과 순은 생으로 무치거나 쌈 싸 먹고, 데쳐서 무쳐도 맛있다. 뿌리는 향긋해 생으로 초고추장이나 된장을 찍어 먹는다. 무침, 구이, 고추장 장아찌를 만들어도 맛있다. 배추와 버무려 김치도 담근다. 꽃은 샐러드를 만든다.

나물 할 때
잎 – 봄
꽃 – 여름
뿌리 – 가을

나물 하는 방법
잎 – 부드러운 잎과 순을 뜯는다.
뿌리 – 굵은 것만 캔다.
꽃 – 꽃받침째 딴다.

추천 음식
잎 – 쌈, 생으로나 데쳐서 무침
뿌리 – 초고추장이나 된장 찍어 먹기, 무침, 구이, 장아찌, 김치
꽃 – 샐러드

자라는 모습(5월 15일).

꽃봉오리(8월 23일).

뿌리(4월 22일).

더덕 무침(6월 15일).

산나물 123

새순 나물 하기 좋은 때(4월 25일).

꽃 핀 모습(7월 7일).

열매(8월 13일).

도라지

초롱꽃과 | 여러해살이풀

크기 40~80cm
꽃 피는 때 7~8월
자라는 곳 산, 들

제사상에 빠지지 않는 나물이다. 뿌리는 껍질을 벗기고 쓴맛을 우려낸 다음 먹는다. 소금으로 비벼 씻어 초고추장에 무치거나, 볶기도 한다. 데친 오징어를 넣고 초무침을 하거나, 더덕처럼 양념해서 구워도 맛있다. 고추장에 박아 장아찌도 만든다. 새순은 데쳐서 땅콩이나 호두 가루를 넣고 무쳐도 좋다.

나물 할 때
잎 – 봄
뿌리 – 가을

나물 하는 방법
잎 – 어린순을 뜯는다.
뿌리 – 캔다.

추천 음식
잎 – 데쳐서 무침
뿌리 – 초고추장 무침, 볶음, 초무침, 구이, 장아찌

산에서 자라는 모습(7월 1일).

뿌리(9월 30일).

도라지 볶음(9월 27일).

도라지 무침(9월 14일).

담배풀 나물 하기 좋은 때(5월 1일).

담배풀 꽃(9월 25일).

좀담배풀 꽃(8월 27일).

담배풀⊃좀담배풀

국화과 | 여러해살이풀

크기 50~100cm
꽃 피는 때 8~10월
자라는 곳 산기슭, 산의 숲 가장자리

담배 만드는 담배라는 풀을 닮아 담배풀이다. 꽃은 곰방대를 닮았다. 열매는 익으면 기름기가 있어 사람 옷이나 동물 털에 달라붙어 자손을 퍼뜨린다. 어린잎을 데쳐서 된장이나 간장, 고추장으로 무치고, 쌈으로 먹는다. 된장국도 끓인다. 전체를 지혈제와 이뇨제 따위로 쓴다. 좀담배풀도 같은 방법으로 먹는다.

나물 할 때
봄

나물 하는 방법
어린잎을 뜯는다.

추천 음식
데쳐서 무치거나 쌈, 된장국

좀담배풀 나물 하기 좋은 때(4월 19일).

좀담배풀 자란 모습(5월 6일).

좀담배풀 뜯은 나물(4월 10일).

좀담배풀 무침(4월 19일).

산나물 127

나물 하기 좋은 때(4월 5일).

가을 전체 모습(10월 2일).

꽃 핀 모습(3월 24일).

이 때도 나물 하기 좋다(4월 27일).

솜나물

국화과 | 여러해살이풀

크기 봄 10~20cm, 가을 30~60cm
꽃 피는 때 3월 말~4월
자라는 곳 산의 양지쪽 풀밭

어린잎에 하얀 솜 같은 털이 많아 솜나물이다. 봄에 피는 꽃과 가을에 피는 꽃이 다르다. 가을에 피는 꽃은 벌어지지 않고 스스로 가루받이를 하는 폐쇄화다. 봄에 돋아난 연한 잎을 쑥이나 수리취와 데쳐서 떡을 한다. 같은 때 나는 다른 산나물과 데쳐서 무쳐도 맛있다.

나물 할 때
봄

나물 하는 방법
연한 잎을 뜯는다.

추천 음식
떡, 데쳐서 무침

솜털이 많이 없어진 모습(4월 12일).

가을 잎(9월 28일).

뜯은 나물(4월 25일).

산나물

솜방망이 나물 하기 좋은 때(3월 26일).   솜방망이 꽃 핀 모습(4월 25일).

솜방망이 꽃봉오리가 맺힌 모습(4월 17일).   솜방망이 꽃이 모여 핀 모습(4월 29일).

솜방망이
산솜방망이

국화과 | 여러해살이풀

크기 20~65cm
꽃 피는 때 4월 말~6월
자라는 곳 산의 풀밭

솜 같은 털이 많고, 줄기 끝에 모여 피는 노란 꽃이 방망이 같다고 솜방망이다. 씨가 날아가기 전의 모습도 솜방망이 같다. 어린잎을 다른 산나물과 같이 데쳐서 된장이나 간장에 무친다. 독이 있으니 데쳐서 우려내고 먹어야 한다. 잎에 섬유소가 많아서 떡을 하면 차지고 맛있다. 산솜방망이도 같은 방법으로 먹는다.

나물 할 때
봄

나물 하는 방법
부드러운 어린잎을 뜯는다.

추천 음식
데쳐서 무침, 떡

산솜방망이 꽃(8월 24일).

산솜방망이 줄기잎(8월 20일).

솜방망이 열매(5월 26일).

등골나물 나물 하기 좋은 때(4월 5일).

등골나물 종류 꽃(8월 29일).

등골나물. 이 때도 나물 하기 좋다(3월 29일).

등골나물 꽃 피기 시작한 모습(9월 14일).

등골나물
골등골나물, 향등골나물

국화과 | 여러해살이풀

크기 100cm 정도
꽃 피는 때 7~10월
자라는 곳 산과 들의 풀밭

통 모양 자잘한 꽃이 모여 핀다. 큰 잎은 마주 나고, 어릴 때는 전체에 짧은 털이 많다. 어린 순을 데쳐서 무치거나 쌈으로 먹고, 된장국을 끓이기도 한다. 잎 끝이 둔하고 밑 부분이 세 갈래로 갈라지기도 하는 골등골나물, 비슷하게 생긴 향등골나물도 같은 방법으로 먹는다.

나물 할 때
봄

나물 하는 방법
어린순을 뜯는다.

추천 음식
데쳐서 무치거나 쌈, 된장국

골등골나물 나물 하기 좋은 때(4월 28일).

향등골나물 싹(4월 10일).

등골나물 뜯은 나물(4월 10일).

산나물 133

나물 하기 좋은 때(7월 3일).

꽃이 아래를 보고 핀다(8월 24일).

전체 모습(9월 4일).

주홍서나물

국화과 | 한해살이풀

크기 30~80cm
꽃 피는 때 8~10월
자라는 곳 길가, 산, 빈 터

담뱃불 같은 주홍빛 꽃이 핀다. 잎과 줄기에서 향이 난다. 씨앗이 날아갈 무렵에 보면 하얀 솜털이 엉킨 것처럼 보인다. 부드러운 잎과 순을 다른 나물과 같이 데쳐서 무쳐도 좋고, 주홍서나물만 따로 무쳐도 맛있다. 된장국도 끓인다. 속잎은 무침이나 샐러드를 해도 된다.

나물 할 때
봄~여름

나물 하는 방법
부드러운 잎과 순을 뜯는다.

추천 음식
생으로나 데쳐서 무침, 된장국, 샐러드

이 때도 나물 하기 좋다(6월 17일).

뜯은 나물(9월 3일).

주홍서나물 무침(9월 1일).

주홍서나물 과일 샐러드(7월 2일).

붉은서나물

국화과 | 한해살이풀

크기 100~200cm
꽃 피는 때 9~10월
자라는 곳 길가, 산길 옆, 빈 터

주홍서나물과 닮았는데, 꽃이 연노란빛을 띤다. 꽃이 위로 피는 점도 다르다. 씨앗이 날아갈 무렵에 보면 하얀 솜털이 엉킨 것 같다. 부드러운 잎과 순을 다른 나물과 같이 데쳐서 무쳐도 맛있고, 붉은서나물만 따로 무쳐도 된다. 된장국도 끓인다.

나물 할 때
봄~여름

나물 하는 방법
부드러운 잎과 순을 뜯는다.

추천 음식
데쳐서 무침, 된장국

나물 하기 좋은 때(8월 30일).

꽃 핀 모습(10월 4일).

꽃이 피고 지는 모습(9월 10일).

붉은서나물 무침(8월 9일).

뜯은 나물(8월 10일).

톱니가 많이 난 잎(8월 15일).

미역취

국화과 | 여러해살이풀

크기 30~80cm
꽃 피는 때 8~10월
자라는 곳 산과 들의 풀밭

국을 끓이면 미역 맛이 나서 미역취라고 한다. 취나물 종류 가운데 잎이 좁은 편이며, 잎에서 윤기가 난다. 부드러운 잎과 어린순을 생으로나 데쳐서 무친다. 쌈으로 먹거나, 국도 끓인다. 묵나물을 정월 대보름 나물로 쓰기도 한다. 양지바른 무덤 같은 데 잘 자라며, 다른 산나물과 섞어 먹으면 맛있다.

나물 할 때
봄

나물 하는 방법
부드러운 잎과 어린순을 뜯는다.

추천 음식
생으로나 데쳐서 무침, 쌈, 국, 묵나물 볶음

나물 하기 좋은 때(4월 11일).

꽃 핀 모습(10월 27일).

싹(4월 11일).

뜯은 나물(4월 20일).

데친 나물(4월 26일).

산나물

나물 하기 좋은 때(4월 13일).

싹(2월 11일).

이 때도 나물 하기 좋다(4월 8일).

꽃 핀 모습(9월 23일).

자란 모습(4월 18일).

까실쑥부쟁이

국화과 | 여러해살이풀

크기 30~60cm
꽃 피는 때 8~10월
자라는 곳 산골짜기

잎이 까슬까슬하다고 까실쑥부쟁이다. 부지깽이나물, 쑥취라고도 한다. 싹이 올라올 때 보면 하얀 털이 많다. 향이 좋아 부드러운 잎과 어린 순을 무치거나 쌈으로 먹는다. 데쳐서 무치거나 볶아도 맛있다. 묵나물로 먹어도 좋다. 뜯고 나서 다시 가면 금세 자란 것을 볼 수 있다.

나물 할 때
봄~초여름

나물 하는 방법
부드러운 잎과 어린순을 뜯는다.

추천 음식
쌈이나 무침, 데쳐서 볶거나 무침, 묵나물 볶음

싹 뜯은 나물(3월 11일).

순 뜯은 나물(4월 11일).

데쳐서 말린 묵나물(5월 10일).

까실쑥부쟁이 묵나물 볶음(5월 10일).

산나물

나물 하기 좋은 때(4월 13일).

꽃 핀 모습(9월 23일).

싹(4월 13일).

잎이 펼쳐진 모습(4월 18일).

늦가을 모습(11월 19일).

뜯은 나물(4월 11일).

단풍취 고추장 무침(5월 9일).

단풍취(게발딱주)

국화과 | 여러해살이풀

크기 40~80cm
꽃 피는 때 7~9월
자라는 곳 산의 숲 속

잎이 단풍잎을 닮아서 단풍취다. 게발딱주라고도 한다. 새순이 올라올 때 하얀 털이 보송보송한 채 말려나는데, 개머리를 닮았다고 개대가리라는 별명도 있다. 잎이 펴지기 전과 막 펴진 때가 나물 하기 좋다. 생으로 쌈 싸 먹거나, 데쳐서 된장·간장·고추장에 무치거나, 묵나물로 먹는다. 된장국을 끓여도 맛있다.

나물 할 때
봄

나물 하는 방법
잎이 부드러울 때 줄기째 뜯는다.

추천 음식
쌈, 데쳐서 무침, 묵나물 볶음, 된장국

참취 (취나물, 나물취)

국화과 | 여러해살이풀

크기 70~150cm
꽃 피는 때 7~10월
자라는 곳 산

흔히 취나물, 나물취라고 한다. 취나물 종류 가운데 맛과 향이 빼어나고, 어느 곳에서나 볼 수 있어서 으뜸 나물이라고 참취다. 부드러운 잎과 어린순을 무치거나 쌈으로 먹는다. 데쳐서 간장이나 된장에 무치기도 하고, 된장국도 끓인다. 썰어서 부침개를 해도 맛있다. 묵나물로 먹어도 맛과 향이 좋다.

나물 할 때
봄

나물 하는 방법
부드러운 잎과 어린순을 뜯는다.

추천 음식
쌈, 생으로나 데쳐서 무침, 된장국, 부침개, 묵나물 볶음

나물 하기 좋은 때(4월 13일).

꽃 핀 모습(9월 4일).

참취 쌈(4월 25일).

참취 묵나물(5월 15일).

이 때도 나물 하기 좋다(4월 13일).

개미취

국화과 | 여러해살이풀

크기 100~150cm
꽃 피는 때 7~10월
자라는 곳 축축한 산기슭이나 들판

잎이 길쭉하다. 어린잎과 순을 데쳐서 무치거나, 묵나물로 먹는다. 산나물은 대개 그날 뜯은 것을 같이 데쳐서 무치는데, 쓴 나물과 쓰지 않은 나물이 섞이면 더 맛있다. 살충 효과가 있어 예전에는 화장실이나 돼지우리에 살충제로 썼다. 뿌리는 자원이라고 해서 기침, 가래 따위에 약으로 쓴다.

나물 할 때
봄

나물 하는 방법
어린잎과 순을 뜯는다.

추천 음식
데쳐서 무침, 묵나물 볶음

나물 하기 좋은 때(4월 24일).

키가 크게 자란다(9월 23일).

줄기 모습(9월 23일).

꽃 핀 모습(9월 23일).

싹. 이 때도 나물 하기 좋다(4월 25일).

나물 하기 좋은 때(5월 9일).

싹(4월 23일).

꽃 핀 모습(7월 27일).

곰취 쌈(4월 28일).

곰취

국화과 | 여러해살이풀

크기 100~200cm
꽃 피는 때 7~10월
자라는 곳 깊은 산, 축축한 곳

잎이 넓고 가장자리에 톱니가 있다. 연한 잎을 뜯어 쌈으로 먹거나, 장아찌를 담근다. 데쳐서 무치거나 쌈을 싸 먹어도 향긋하다. 묵나물로 먹기도 한다. 곤달비라고 하는 곳도 있지만, 곤달비보다 잎이 크고 잎 아래가 덜 벌어진다. 산촌에서 심어 가꾸기도 한다.

나물 할 때
봄~초여름

나물 하는 방법
연한 잎을 잎자루째 뜯는다.

추천 음식
쌈, 장아찌, 데쳐서 쌈이나 무침, 묵나물 볶음

곰취 묵나물 볶음(8월 24일).

곰취 데쳐서 담은 간장 장아찌(5월 9일).

곰취 간장 장아찌(6월 17일).

곰취 장아찌 양념한 것(4월 25일).

산나물 145

곤달비

국화과 | 여러해살이풀

크기 100cm 정도
꽃 피는 때 8~9월
자라는 곳 깊은 산 습지

잎과 꽃이 곰취를 많이 닮았다. 곰취보다 잎이 조금 작고, 잎 아래가 더 벌어진다. 부드러운 잎을 쌈으로 먹으면 향이 좋다. 데쳐서 무치거나 볶고, 묵나물로 먹기도 한다. 장아찌나 김치를 담가도 맛있다. 송편도 만들어 먹는다. 산촌에서 심어 가꾸기도 한다.

나물 할 때
봄

나물 하는 방법
부드러운 잎을 잎자루째 뜯는다.

추천 음식
쌈, 데쳐서 무치거나 볶음, 묵나물 볶음, 장아찌, 김치, 송편

나물 하기 좋은 때(5월 9일).

꽃 핀 모습(8월 24일).

곤달비 장아찌(9월 28일).

곤달비 쌈(5월 25일).

이 때도 나물 하기 좋다(4월 24일).

박쥐나물, 나래박쥐나물, 귀박쥐나물

국화과 | 여러해살이풀

크기 60~120cm
꽃 피는 때 8~9월
자라는 곳 깊은 산

잎이 박쥐가 날개를 펼친 모습 같다고 박쥐나물이다. 어린순을 쌈으로 먹거나, 데쳐서 무치거나, 묵나물로 먹는다. 잎자루에 날개가 있고 잎 아래가 귓불같이 늘어지는 나래박쥐나물, 잎 아래가 귓불같이 늘어지지 않는 박쥐나물, 잎이 다섯 갈래로 뚜렷하게 갈라진 귀박쥐나물 모두 같은 방법으로 먹는다.

나물 할 때
봄

나물 하는 방법
부드러운 순을 뜯는다.

추천 음식
쌈, 데쳐서 무침, 묵나물 볶음

박쥐나물 나물 하기 좋은 때(5월 13일).

박쥐나물 꽃 핀 모습(8월 23일).

나래박쥐나물 나물 하기 좋은 때(5월 7일).

나래박쥐나물 꽃 핀 모습(7월 28일).

박쥐나물 종류의 꽃(7월 28일).

산나물

우산나물

국화과 | 여러해살이풀

크기 70~120cm
꽃 피는 때 6월 말~9월
자라는 곳 산의 숲 속

어릴 때는 접은 우산 같고, 자라면 펼친 우산 같다. 어린잎을 쌈으로 먹기도 하고, 데쳐서 간장이나 된장에 무친다. 된장국을 끓이고, 묵나물로도 먹는다. 우산이 막 펼쳐졌을 때가 나물 하기 좋다. 독이 있는 삿갓나물과 닮았지만, 우산나물은 갈라진 잎 갈래가 다시 둘로 갈라지고, 톱니와 털이 있다.

나물 할 때
봄

나물 하는 방법
어린잎을 잎자루째 뜯는다.

추천 음식
쌈, 데쳐서 무침, 된장국, 묵나물 볶음

나물 하기 좋은 때(4월 11일).

꽃봉오리가 맺힌 모습(6월 9일).

싹. 이 때도 나물 하기 좋다(4월 8일).

뜯은 나물(4월 12일).

꽃(7월 1일).

잎이 퍼진 모습(4월 13일).

나물 하기 좋은 때(4월 11일).

톱풀(가새풀)

국화과 | 여러해살이풀

크기 50~120cm
꽃 피는 때 7~10월
자라는 곳 산과 들의 풀밭

잎이 톱날을 닮아서 톱풀이다. 가위집을 낸 것 같다고 가새풀(가새는 가위의 지방 말), 가시개 나물이라고도 한다. 어린순을 데쳐서 무쳐 먹는다. 잎에 톱니가 있지만 데치면 부드럽다. 다른 나물과 같이 데쳐서 된장이나 초고추장에 찍어 먹어도 맛있다.

나물 할 때
봄

나물 하는 방법
부드러운 어린순을 뜯는다.

추천 음식
데쳐서 무치거나 된장·초고추장 찍어 먹기

꽃(7월 2일).

이 때도 나물 하기 좋다(5월 1일).

자란 모습(5월 29일).

뜯은 나물(4월 28일).

산나물 149

제비쑥

국화과 | 여러해살이풀

크기 30~90cm
꽃 피는 때 7~9월
자라는 곳 산의 풀밭, 숲 가

나물 하기 좋은 때(4월 14일).

잎이 제비 날개를 닮아 제비쑥이다. 자불쑥이라고도 한다. 산의 양지바른 숲 가에 잘 자란다. 어린순을 씀바귀 종류 잎과 같이 무치면 향긋하고 맛있다. 된장이나 쌈장에 찍어 먹고, 다른 산나물과 무쳐도 맛있다. 데쳐서 무치거나, 국을 끓이고, 묵나물로 먹기도 한다.

꽃 핀 모습(8월 24일).

나물 할 때
봄

나물 하는 방법
어린순을 뜯는다.

추천 음식
생으로 무치거나 된장·쌈장에 찍어 먹기,
데쳐서 무침, 국, 묵나물 볶음

이 때도 나물 하기 좋다(4월 14일).

뜯은 나물(4월 14일).

제비쑥과 봄나물 무칠 것(4월 11일).

자란 모습(5월 18일).

맑은대쑥

국화과 | 여러해살이풀

나물 하기 좋은 때(4월 6일).

꽃 핀 모습(9월 20일).

여름 모습(6월 3일).

싹(3월 29일).

뜯은 나물(4월 12일).

크기 30~80cm
꽃 피는 때 7~9월
자라는 곳 산

쑥보다 잎이 덜 갈라지고 깔끔하다. 어린잎과 줄기에 하얀 솜털이 많다. 꽃이 피는 줄기는 위로 자라고, 꽃이 달리지 않는 줄기는 옆으로 비스듬히 자라다가 끝에 잎이 모여난다. 어린순을 생으로 무치거나, 다른 나물과 데쳐서 무친다. 쑥과 같이 된장국을 끓이거나, 떡을 해도 맛있다.

나물 할 때
봄

나물 하는 방법
부드러운 어린순을 뜯는다.

추천 음식
생으로나 데쳐서 무침, 된장국, 떡

산나물 151

나물 하기 좋은 때(4월 20일).

꽃 핀 모습(9월 10일).

이 때도 나물 하기 좋다(4월 11일).

싹(4월 28일).

삽주

국화과 | 여러해살이풀

크기 30~100cm
꽃 피는 때 7~10월
자라는 곳 산

잎 가장자리에 잔가시 같은 톱니가 있다. 잎이 갈라지기도 하고, 갈라지지 않기도 한다. 잎을 자르면 흰 즙이 나온다. 어린순을 무치거나, 쌈으로 먹는다. 다른 산나물과 데쳐서 무치거나, 튀김도 한다. 뿌리는 씹으면 한약 맛이 나며, 백출이라 하여 건위제나 이뇨제 따위로 쓴다.

나물 할 때
봄

나물 하는 방법
부드러운 잎과 어린순을 뜯는다.

추천 음식
쌈, 생으로나 데쳐서 무침, 튀김

잎이 덜 갈라진 모습(4월 7일).

꽃봉오리가 맺힌 모습(7월 26일).

삽주 쌈(4월 27일).

산나물

멸가치

국화과 | 여러해살이풀

크기 50~100cm
꽃 피는 때 8~10월
자라는 곳 숲 속의 축축한 곳

잎 뒷면에 하얀 털이 있고, 잎자루에 날개가 있다. 특이하게 생긴 열매에 끈끈한 액이 나오는 털이 있어 잘 달라붙는다. 어린잎을 데쳐서 된장이나 고추장에 무쳐 먹는다. 된장국을 끓이고, 묵나물로 먹기도 한다. 지혈제, 소염제 따위로 쓴다.

나물 할 때
봄~여름

나물 하는 방법
부드러운 잎을 뜯는다.

추천 음식
데쳐서 무침, 된장국, 묵나물 볶음

나물 하기 좋은 때(4월 23일).

꽃 핀 모습(7월 28일).

이 때도 나물 하기 좋다(5월 9일).

자란 모습(7월 20일).

열매(8월 28일).

엉겅퀴

국화과 | 여러해살이풀

크기 50~100cm
꽃 피는 때 5~8월
자라는 곳 산, 들

가시나물이라고도 한다. 갈라진 잎 가장자리에 날카로운 가시가 있다. 어린잎과 연한 줄기를 데쳐서 가시가 무뎌지게 치대어 무치거나, 된장국을 끓인다. 데쳐도 가시가 아주 부드러워지지는 않으니 조심한다. 줄기는 껍질을 벗겨 장에 찍어 먹거나, 장아찌를 담는다. 고기나 버섯, 멸치랑 볶아도 맛있다.

나물 할 때
봄

나물 하는 방법
잎 – 어린잎을 뜯는다.
줄기 – 연한 줄기를 꺾는다.

추천 음식
잎 – 데쳐서 무침, 된장국
줄기 – 껍질 벗겨 장 찍어 먹기, 장아찌, 볶음

나물 하기 좋은 때(3월 15일).

꽃 핀 모습(5월 9일).

자란 모습(4월 27일).

뜯은 나물(4월 3일).

줄기 나물 하기 좋은 때(4월 25일).

꽃 핀 모습(5월 14일).

잎이 덜 갈라진 것(4월 25일).

지느러미엉겅퀴

국화과 | 여러해살이풀

크기 50~100cm
꽃 피는 때 5~8월
자라는 곳 산, 들

줄기에 물고기 지느러미 같은 날개가 있어서 지느러미엉겅퀴다. 가시나물이라고도 한다. 어린잎과 연한 줄기를 데쳐서 무치거나, 된장국을 끓인다. 데쳐도 가시가 아주 부드러워지지는 않으니 조심한다. 줄기는 껍질을 벗겨 장에 찍어 먹거나, 장아찌를 담는다. 고기나 버섯, 멸치랑 볶아 먹기도 한다.

나물 할 때
봄

나물 하는 방법
잎 – 어린잎을 뜯는다.
줄기 – 연한 줄기를 꺾는다.

추천 음식
잎 – 데쳐서 무침, 된장국
줄기 – 껍질 벗겨 장에 찍어 먹기, 장아찌, 볶음

줄기잎이 올라오기 시작한 때(4월 25일).

줄기 올라오기 시작한 모습(4월 20일).

뿌리잎(4월 26일).

줄기 뜯은 나물(4월 25일).

나물 하기 좋은 때(5월 7일).

잎이 많이 갈라진 모습(5월 7일).

꽃 핀 모습(7월 8일).

자라는 모습(5월 7일).

뜯은 나물(5월 8일).

물엉겅퀴 된장국(5월 8일).

물엉겅퀴

국화과 | 여러해살이풀

크기 100~200cm
꽃 피는 때 7~11월
자라는 곳 산 중턱의 길가

울릉도에서 자라 섬엉겅퀴라고도 한다. 엉겅퀴처럼 가시가 억세거나 날카롭지 않다. 잎은 갈라지기도 하고, 갈라지지 않기도 한다. 부드러운 잎과 순을 데쳐서 고추장이나 된장에 무친다. 맛이 시원해 해장국이나 된장국을 끓인다. 울릉도에서는 심어 가꾸기도 한다.

나물 할 때
봄

나물 하는 방법
부드러운 잎과 어린순을 뜯는다.

추천 음식
데쳐서 무침, 된장국, 해장국

나물 하기 좋은 때(6월 8일).

꽃 핀 모습(8월 24일).

뜯은 나물(5월 15일).

곤드레 밥 지으려고 데쳐서 들기름에 무친 나물(5월 15일).

고려엉겅퀴
(곤드레나물)

국화과 | 여러해살이풀

크기 50~100cm
꽃 피는 때 7~10월
자라는 곳 산과 들의 그늘 진 풀밭

곤드레나물이라고도 한다. 부드러운 잎과 어린 순을 봄부터 여름까지 먹을 수 있다. 데쳐서 무치거나, 된장국을 끓인다. 볶거나 묵나물로 먹어도 맛있다. 씻은 쌀에 데친 나물이나 묵나물을 들기름으로 양념해서 넣고 지은 곤드레 밥은 강원도 향토 음식이다. 된장찌개나 생선 조림에 넣어도 맛있다.

나물 할 때
봄~여름

나물 하는 방법
부드러운 잎과 순을 뜯는다.

추천 음식
데쳐서 무치거나 볶음, 된장국, 묵나물 볶음, 된장찌개, 생선 조림 밑나물, 나물밥

곤드레 밥 지을 것(5월 15일).

곤드레 밥(5월 19일).

곤드레 묵나물(6월 10일).

묵나물로 지은 곤드레 밥(6월 10일).

서덜취

국화과 | 여러해살이풀

크기 30~50cm
꽃 피는 때 7~10월
자라는 곳 높은 산

취나물 종류 가운데 하나다. 맛과 향이 좋아 영덕 지방에서는 으뜸 나물로 친다. 꽃이 필 무렵 뿌리잎은 말라 시든다. 서덜취에 드는 나물도 여러 가지인데, 어린잎과 순을 생으로 쌈이나 무쳐 먹는다. 데쳐서 된장이나 간장에 무쳐도 맛있다. 국을 끓이거나 묵나물로 먹기도 한다.

나물 할 때
봄

나물 하는 방법
부드러운 잎과 순을 뜯는다.

추천 음식
쌈, 생으로나 데쳐서 무침, 국, 묵나물 볶음

나물 하기 좋은 때(5월 13일).

꽃봉오리가 맺힌 모습(7월 23일).

뜯은 나물(5월 8일).

어린 모습(5월 14일).

자란 모습(5월 11일).

버들분취

국화과 | 여러해살이풀

크기 50~150cm
꽃 피는 때 7~9월
자라는 곳 산의 풀밭

줄기 위쪽 잎이 버드나무 잎처럼 갸름해진다고 버들분취다. 아래쪽 잎은 잎자루가 있으며, 깃 꼴로 깊게 갈라지기도 하고, 갈라지지 않기도 한다. 부드러운 잎을 다른 나물과 데쳐서 된장이나 간장에 무친다. 된장국을 끓이거나, 묵나물로 먹어도 맛있다. 볶을 때는 들기름이 좋다.

나물 할 때
봄

나물 하는 방법
부드러운 잎을 뜯는다.

추천 음식
데쳐서 무침, 된장국, 묵나물 볶음

나물 하기 좋은 때(4월 10일).

꽃 핀 모습(9월 22일).

싹(4월 19일).

잎이 덜 갈라진 싹(4월 15일).

이 때도 나물 하기 좋다(4월 1일).

산나물

나물 하기 좋은 때(4월 25일).

잎이 덜 갈라진 모습(4월 26일).

꽃 핀 전체 모습(8월 24일).

각시취(깨나물)

국화과 | 두해살이풀

크기 30~150cm
꽃 피는 때 8~10월
자라는 곳 산

깨처럼 대궁이 길게 올라와서 깨나물이라고도 한다. 줄기에 날개가 있는 것도 있고, 없는 것도 있다. 각시취는 데칠 때 옆에 있으면 눈이 맵다. 데친 뒤 물에 우려내고 먹어야 한다. 부드러운 잎과 어린순을 다른 산나물과 같이 데쳐서 간장이나 된장, 고추장에 무쳐 먹는다. 된장국도 끓인다.

나물 할 때
봄

나물 하는 방법
부드러운 잎과 순을 뜯는다.

추천 음식
데쳐서 무침, 된장국

꽃봉오리(9월 25일).

꽃이 피기 시작한 모습(9월 25일).

꽃 핀 모습(9월 25일).

많이 갈라진 줄기잎(8월 13일).

뻐꾹채

국화과 | 여러해살이풀

크기 40~70cm
꽃 피는 때 5~8월
자라는 곳 산과 들의 양지쪽 풀밭

뻐꾸기가 우는 철에 피고, 나물 해 먹는다고 뻐꾹채다. 전체에 희고 거미줄 같은 털이 있으며, 잎이 부드럽다. 엉겅퀴보다 큰 꽃이 피며, 꽃을 싸는 밤빛 조각이 올록볼록하다. 나무가 듬성듬성한 산이나 무덤 둘레에 잘 자란다. 부드러운 잎을 데쳐서 된장이나 간장에 무치고, 된장국을 끓여 먹는다.

나물 할 때
봄

나물 하는 방법
부드러운 잎을 뜯는다.

추천 음식
데쳐서 무침, 된장국

나물 하기 좋은 때(5월 4일).

꽃 핀 모습(5월 27일).

꽃(5월 4일).

꽃줄기가 쑥 올라온 모습(5월 4일).

꽃봉오리 맺힌 모습(5월 4일).

산비장이

국화과 | 여러해살이풀

크기 30~140cm
꽃 피는 때 8~10월
자라는 곳 산의 풀밭

꽃과 잎이 엉겅퀴를 닮았지만, 가시가 없고 부드럽다. 꽃도 늦여름부터 가을까지 핀다. 잎 가장자리가 새 깃처럼 깊이 갈라진다. 조금만 자라도 잎이 쇠므로, 아주 연할 때 뜯어야 한다. 다른 산나물과 데친 다음 간장이나 된장에 무쳐 먹는다. 볶거나 된장국을 끓여도 맛있다.

나물 할 때
봄

나물 하는 방법
부드러운 잎을 뜯는다.

추천 음식
데쳐서 무치거나 볶음, 된장국

이 때도 나물 하기 좋다(4월 15일).

자란 모습(7월 2일).

꽃봉오리가 맺힌 모습(8월 24일).

산나물

나물 하기 좋은 때(5월 13일).

톱니가 거친 잎(4월 19일).

자란 모습(6월 11일).

꽃 핀 모습(10월 26일).

수리취 (떡취, 흰취)

국화과 | 여러해살이풀

크기 40~100cm
꽃 피는 때 9~10월
자라는 곳 산의 풀밭

취나물 가운데 커서 수리취다. 떡을 해 먹는 취라고 떡취, 잎 뒷면이 흰색이라 흰취라고도 한다. 잎 뒷면에 하얀 솜털이 있어 뒤집어 보면 뽀얗다. 부드러운 잎을 다른 산나물과 같이 데쳐서 된장이나 간장에 무친다. 말려 두었다가 묵나물로 먹기도 한다. 단오에는 수리취 잎으로 떡을 해 먹는다.

나물 할 때
봄~초여름

나물 하는 방법
부드러운 잎을 뜯는다.

추천 음식
데쳐서 무침, 묵나물 볶음, 떡

꽃봉오리가 맺힌 모습(8월 24일).

뜯은 나물(5월 24일).

떡 하려고 데친 잎(6월 5일).

수리취 떡(6월 9일).

산나물 169

조밥나물

국화과 | 여러해살이풀

크기 30~100cm
꽃 피는 때 7~10월
자라는 곳 산과 들의 숲 가

민들레 닮은 노란 꽃이 핀다. 조밥과 닮았다고 조밥나물이다. 싹이 날 때 잎에 하얀 털이 많다. 잎 가장자리에 불규칙한 톱니가 있다. 줄기는 곧게 자라다가 위쪽에서 가지가 갈라진다. 어린순을 다른 나물과 같이 데쳐서 된장이나 간장, 고추장에 무쳐 먹는다. 된장국을 끓여도 맛있다.

나물 할 때
봄~초여름

나물 하는 방법
어린순을 뜯는다.

추천 음식
데쳐서 무침, 된장국

나물 하기 좋은 때(4월 21일).

꽃 핀 모습(8월 29일).

뜯은 나물(4월 30일).

자란 모습(7월 28일).

꽃이 진 모습(9월 9일).

나물 하기 좋은 때(4월 11일).

꽃이 활짝 핀 모습(5월 18일).

꽃이 오므린 모습(4월 29일).

선씀바귀

국화과 | 여러해살이풀

크기 20~50cm
꽃 피는 때 5~6월
자라는 곳 들, 길가, 산의 풀밭

씀바귀 종류를 뭉뚱그려 쓴나물, 씬내이라고도 한다. 쓴맛 나는 나물이라는 뜻이다. 씀바귀처럼 뿌리와 잎을 무치거나, 쌈으로 먹는다. 데쳐서 무치기도 한다. 뿌리만 따로 무치기도 하고, 김치도 담근다. 쓴맛이 싫으면 우려내고 먹는다. 다른 나물과 섞으면 쓴맛이 덜 느껴지고, 맛도 잘 어우러진다.

나물 할 때
봄

나물 하는 방법
잎을 뜯거나 뿌리째 캔다.

추천 음식
쌈, 생으로나 데쳐서 무침, 김치

잎이 많이 갈라진 모습(4월 5일).

선씀바귀와 봄나물 무칠 것(3월 22일).

뜯은 나물(4월 14일).

나물 하기 좋은 때(4월 6일).

잎이 덜 갈라진 모습(4월 14일).

꽃 핀 모습(8월 30일).

산씀바귀

국화과 | 한두해살이풀

크기 60~150cm
꽃 피는 때 7~10월
자라는 곳 숲 가장자리, 냇가 근처

산에서 자라고, 뿌리가 고들빼기 뿌리를 닮아 산고들빼기라고도 한다. 뿌리잎과 줄기잎이 다르다. 뿌리잎이 무 잎처럼 갈라진 것도 있고, 덜 갈라진 것도 있다. 다른 씀바귀나 고들빼기처럼 쓴맛이 나는데, 부드러운 잎을 무치거나 쌈으로 먹는다. 김치를 담그거나, 다른 나물과 같이 데쳐서 무쳐도 맛있다.

나물 할 때
봄

나물 하는 방법
부드러운 잎을 뜯는다.

추천 음식
쌈, 생으로나 데쳐서 무침, 김치

이 때도 나물 하기 좋다(4월 14일).

자란 모습(7월 16일).

줄기잎(7월 16일).

뜯은 나물(4월 14일).

산나물

나물 하기 좋은 때(7월 23일).

꽃 핀 전체 모습(9월 16일).

자란 모습(7월 23일).

까치고들빼기

국화과 | 한두해살이풀

크기 20~50cm
꽃 피는 때 9~10월
자라는 곳 산의 숲 가장자리

고들빼기 종류라 줄기나 잎을 뜯으면 흰 즙이 나오고, 맛은 쓰다. 전체에 털이 없으며, 연하고 부드럽다. 부드러운 순을 쌈으로 먹고, 된장이나 쌈장에 찍어 먹기도 한다. 쓴맛이 싫으면 다른 나물과 섞어 무친다. 부드러워서 꽃이 피기 전까지 먹을 수 있다.

나물 할 때
봄~여름

나물 하는 방법
부드러운 순을 뜯는다.

추천 음식
쌈, 된장·쌈장 찍어 먹기, 무침

꽃이 피기 시작한 모습(8월 27일).

꽃 진 뒤의 모습(9월 26일).

뜯은 나물(7월 23일).

산나물 175

나물 하기 좋은 때(3월 21일).

꽃 핀 모습(9월 25일).

싹(3월 21일).

순 나물 하기 좋은 때(4월 20일).

이고들빼기

국화과 | 한두해살이풀

크기 30~70cm
꽃 피는 때 8~10월
자라는 곳 산, 들

전체에 쓴맛이 강하다. 어릴 때 뿌리째 캐서 데친 뒤 쓴맛을 우려내고 초고추장에 무쳐 먹거나, 김치를 담근다. 쓴맛을 좋아하는 사람은 생으로나 데쳐서 쌈 싸 먹기도 한다. 다른 나물과 데쳐서 된장이나 간장, 고추장에 무쳐도 맛있다. 쓰지 않은 나물과 섞으면 쓴맛이 덜하고 맛도 잘 어우러진다.

나물 할 때
봄~여름

나물 하는 방법
잎을 뜯거나 뿌리째 캔다.

추천 음식
생으로나 데쳐서 쌈·무침, 김치

뿌리잎 뜯은 나물(4월 5일).

이고들빼기 쌈(9월 9일).

이고들빼기 데친 쌈(9월 9일).

이고들빼기와 봄나물 무칠 것(3월 23일).

나물 하기 좋은 때(4월 12일).

꽃 핀 모습(9월 4일).

싹(4월 8일).

뻐꾹나리

백합과 | 여러해살이풀

크기 50cm 정도
꽃 피는 때 7~9월
자라는 곳 산의 숲 속

꼴뚜기 닮은 꽃이 특이하게 생겼다. 어린잎은 털이 많고 잎맥이 발달했다. 어린잎일수록 뻐꾸기 날개처럼 검푸른 얼룩무늬가 짙게 퍼져 있다. 꽃에도 보랏빛 점이 얼룩덜룩하다. 어린 순을 데쳐서 간장이나 된장, 고추장에 무치고, 된장국을 끓이기도 한다. 하지만 개체 수가 적어 보호해야 한다.

나물 할 때
봄

나물 하는 방법
어린순을 뜯는다.

추천 음식
데쳐서 무침, 된장국

줄기 올라온 모습(4월 17일).

자란 모습(5월 7일).

열매(9월 23일).

나물 하기 좋은 때(5월 3일).

꽃 핀 모습(7월 1일).

꽃 필 무렵 잎의 모습(7월 1일).

비비추(지부)

백합과 | 여러해살이풀

크기 30~40cm
꽃 피는 때 7~8월
자라는 곳 산의 골짜기

비벼 먹어야 제 맛이 난다고 비비추다. 지부, 이밥취라고도 한다. 비비면 거품이 나면서 독성이 빠지고 부드러워진다. 부드러운 잎을 데쳐서 쌈 싸 먹는다. 다른 산나물처럼 데쳐서 무치면 부드럽고 맛있다. 국을 끓이거나 장아찌를 담그고, 묵나물로 먹기도 한다.

나물 할 때
봄

나물 하는 방법
부드러운 잎을 뜯는다.

추천 음식
데쳐서 쌈이나 무침, 국, 장아찌, 묵나물 볶음

뜯은 나물(5월 3일).

데친 나물(5월 4일).

비비추 게 된장국(5월 4일).

비비추 된장국(5월 1일).

나물 하기 좋은 때(3월 26일).

짙은 꽃이 피는 원추리 종류(7월 6일).

꽃 핀 모습(7월 31일).

싹(3월 17일).

조금 자란 모습(4월 6일).

원추리(넘나물)

백합과 | 여러해살이풀

크기 50~100cm
꽃 피는 때 6~8월
자라는 곳 산과 들의 풀밭

넘나물, 모예초라고도 한다. 싹을 데쳐서 초고추장에 찍어 먹거나, 초고추장에 무치기도 한다. 무친 나물을 비빔밥에 넣어도 별미다. 맛과 향이 좋고, 한 군데에 많이 나서 다른 나물과 섞지 않고 원추리만 먹어도 맛있다. 된장과 고추장을 풀어 국을 끓이면 부드러운 맛이 좋다. 장아찌도 담근다. 꽃은 살짝 익혀서 잡채에 넣는다.

나물 할 때
봄

나물 하는 방법
잎 – 어린순을 뜯는다.
꽃 – 통째로 딴다.

추천 음식
잎 – 데쳐서 초고추장 찍어 먹거나 무침, 비빔밥, 국, 장아찌
꽃 – 잡채

데친 나물(4월 10일).

원추리 초고추장 무침(4월 10일).

원추리 장아찌(7월 8일).

원추리 꽃 잡채(7월 8일).

산나물

나물 하기 좋은 때(3월 28일).

꽃 핀 모습(4월 2일).

꽃봉오리가 맺힌 모습(3월 17일).

달래

백합과 | 여러해살이풀

크기 10~20cm
꽃 피는 때 3~4월
자라는 곳 산, 들

산달래보다 작아서 애기달래라고도 한다. 잎도 하나 아니면 둘씩 난다. 산달래와 잎이 나는 모습이나 꽃이 다른데, 맛은 닮았다. 잎이 보드라울 때 뿌리째 쌈 싸 먹을 수 있고, 파나 부추처럼 무쳐 먹는다. 된장국이나 생선 조림에 넣기도 하고, 부침개에 넣어도 향긋하다. 잎만 뜯으면 이듬해 또 먹을 수 있다.

나물 할 때
봄

나물 하는 방법
부드러운 잎만 뜯는다.
뽑힌 뿌리는 잎과 같이 먹는다.

추천 음식
쌈, 무침, 된장국, 생선 조림 양념, 부침개

꽃(3월 19일).

뜯은 나물(4월 3일).

달래 무침(3월 20일).

달래 부침개(4월 1일).

나물 하기 좋은 때(4월 2일).

이 때도 나물 하기 좋다(4월 5일).

꽃봉오리가 맺힌 모습(5월 18일).

꽃이 피기 시작한 모습(5월 23일).

산달래

백합과 | 여러해살이풀

크기 40~60cm
꽃 피는 때 5~6월
자라는 곳 산과 들

시장에서 파는 달래가 대개 산달래다. 맛과 향이 좋아 된장찌개에 넣으면 향긋하다. 파나 부추처럼 생으로 무치고, 고추장에 박아 장아찌를 만들기도 한다. 된장찌개 양념이나 양념장에 넣기도 하고, 부침개를 해도 맛있다. 꽃의 일부가 씨가 아니면서 씨 구실을 하는 구슬눈(주아, 살눈)이 되기도 한다.

나물 할 때
봄

나물 하는 방법
잎만 뜯는다.
뽑힌 뿌리는 잎과 같이 먹는다.

추천 음식
무침, 장아찌, 된장찌개 양념, 양념장, 부침개

꽃 핀 모습(5월 31일).

나물 한 산달래(4월 5일).

산달래 고추장 장아찌(5월 29일).

산달래 김치전(3월 30일).

산나물

나물 하기 좋은 때(3월 21일).

싹. 이 때도 나물 하기 좋다(3월 20일).

꽃(10월 10일).

산부추

백합과 | 여러해살이풀

잎이 쇠었다(4월 11일).

꽃봉오리(9월 6일).

꽃이 피기 전 모습(9월 25일).

산부추 양념장(4월 1일).

크기 30~60cm
꽃 피는 때 8~10월
자라는 곳 산의 풀밭

민마늘이라고도 한다. 잎이 연할 때 뜯거나 캐서 간장·고추장 장아찌를 만든다. 부추처럼 무쳐도 좋고, 된장찌개에 넣기도 한다. 양념장이나 부침개에 넣어도 맛있다. 부추나 파가 들어가는 음식에 모두 넣을 수 있다. 나물 잡채를 해도 좋다. 될 수 있으면 뿌리는 캐지 않는다.

나물 할 때
봄

나물 하는 방법
부드러운 잎을 뜯는다.

추천 음식
장아찌, 무침, 된장찌개, 양념장, 부침개, 나물 잡채

나물 하기 좋은 때(4월 1일).

싹(3월 4일).

꽃 핀 전체 모습(9월 23일).

두메부추

백합과 | 여러해살이풀

크기 20~30cm
꽃 피는 때 8~9월
자라는 곳 산

부추보다 잎이 넓어 살찐 부추 같다. 파나 부추처럼 먹으면 된다. 윗부분은 부추 맛과 비슷한데, 아랫부분은 끈적거리는 성질이 있다. 고기나 쌈을 먹을 때 잘 어울린다. 잘게 썰어서 양념장을 만들고, 김치를 담기도 한다. 생으로 무치거나, 데쳐서 고추장에 박아 장아찌를 만든다. 나물 잡채를 해도 맛있다.

나물 할 때
봄

나물 하는 방법
잎을 뜯는다.

추천 음식
쌈, 양념장, 김치, 무침, 장아찌, 나물 잡채

뜯은 나물(4월 1일).

두메부추 나물 잡채(5월 4일).

두메부추 양념장(4월 5일).

산나물 191

나물 하기 좋은 때(4월 15일).

꽃 핀 모습(5월 7일).

열매 맺은 모습(5월 31일).

산마늘(명이나물)

백합과 | 여러해살이풀

크기 40~70cm
꽃 피는 때 5~7월
자라는 곳 산의 숲 속

보릿고개 때 목숨을 이어 주던 풀이라 해서 명이나물이라고도 한다. 마늘보다 잎이 훨씬 크지만, 맛과 냄새는 닮았다. 연한 잎을 잎자루째 뜯어 장아찌를 담거나, 된장국을 끓인다. 고기 먹을 때 산마늘 장아찌나 쌈을 곁들이면 누린 내가 덜 난다. 산에 있는 산마늘은 보호해야 하며, 심어 가꾼 것을 쓴다.

나물 할 때
봄

나물 하는 방법
연한 잎을 잎자루째 뜯는다.

추천 음식
장아찌, 된장국, 쌈

꽃봉오리가 맺힌 모습(4월 26일).

산마늘 쌈(4월 26일).

재배한 산마늘 장아찌(5월 26일).

울릉도 산마늘 장아찌(5월 8일).

산나물

나물 하기 좋은 때(3월 5일).

꽃봉오리(3월 21일).

꽃 핀 모습(5월 2일).

꽃잎 오므린 모습(3월 29일).

얼레지

백합과 | 여러해살이풀

크기 25cm 정도
꽃 피는 때 3월 말~5월
자라는 곳 산의 기름진 땅

잎에 얼룩무늬가 있어 얼레지다. 크고 고운 꽃이 무리지어 핀다. 어린잎을 묵나물로 만들었다가 충분히 우려내고 들기름에 볶으면 맛있다. 묵나물은 산채비빔밥 재료로 많이 쓴다. 잎을 넣고 국도 끓인다. 연한 잎을 뜯어 쌈으로 먹거나 무치기도 하는데, 독이 있어 많이 먹으면 설사를 한다.

나물 할 때
봄

나물 하는 방법
어린잎을 잎자루째 뜯는다.

추천 음식
묵나물 볶음, 비빔밥, 국, 쌈, 무침

뜯은 나물(4월 12일).

얼레지와 봄나물 무침(3월 18일).

얼레지 묵나물(4월 30일).

얼레지 묵나물 삶은 것(9월 12일).

하늘말나리
(비단나물)

백합과 | 여러해살이풀

크기 100cm 정도
꽃 피는 때 7~8월
자라는 곳 산의 풀밭, 숲 가

하늘을 보고 핀다고 하늘말나리라는 이름이 붙었다. 잎이 비단 같다고 비단나물, 우산말나리, 각시나물이라고도 한다. 어린잎 가운데는 우산 모양으로 생기지 않고 얼레지 잎을 닮은 것도 있다. 어린순을 다른 산나물과 같이 데쳐서 무치거나 조린다. 비늘줄기도 데쳐 먹는다. 많이 먹으면 설사할 수 있으니 조심한다.

나물 할 때
봄

나물 하는 방법
부드러운 잎과 어린순을 뜯는다.

추천 음식
데쳐서 무치거나 조림

나물 하기 좋은 때(4월 20일).

꽃 핀 모습(7월 13일).

싹(4월 6일).

얼레지 닮은 잎(4월 6일).

자란 모습(4월 13일).

둥굴레

백합과 | 여러해살이풀

크기 30~70cm
꽃 피는 때 5~7월
자라는 곳 산, 들

뿌리줄기를 말려서 차를 끓이면 숭늉처럼 구수한 맛이 난다. 어린순을 데쳐서 무치거나 쌈으로 먹어도 맛있고, 초고추장을 찍어 먹기도 한다. 산에 자라지만, 뿌리줄기를 차로 마시거나 자양, 강장, 해열 등에 약으로 쓰기 위해 밭이나 집 둘레에 심어 가꾸기도 한다. 꽃을 보려고 심기도 한다.

나물 할 때
봄

나물 하는 방법
어린순을 뜯는다.

추천 음식
데쳐서 무치거나 쌈, 초고추장 찍어 먹기

나물 하기 좋은 때(4월 11일).

꽃 핀 모습(4월 30일).

자란 모습(5월 17일).

꽃봉오리(4월 19일).

열매(5월 31일).

파는 뿌리줄기(5월 15일).

산나물 197

나물 하기 좋은 때(4월 11일).

무리지어 자라는 모습(4월 12일).

꽃 핀 모습(5월 18일).

용둥굴레

백합과 | 여러해살이풀

크기 20~40cm
꽃 피는 때 5~6월
자라는 곳 산의 나무 그늘

어린 모습(4월 8일).

자라는 모습(4월 10일).

잎자루가 없고, 꽃은 포에 싸여 핀다. 잎이 둥굴레 닮은 타원형인데, 조금 더 동그마한 느낌이 든다. 뿌리줄기가 옆으로 뻗으면서 무리지어 자란다. 어린순은 데쳐서 무치거나 쌈으로 먹고, 초고추장을 찍어 먹기도 한다. 나물 할 때는 여러 떨기 가운데 하나씩만 뜯는다.

나물 할 때
봄

나물 하는 방법
어린순을 뜯는다.

추천 음식
데쳐서 무치거나 쌈, 초고추장 찍어 먹기

열매(7월 2일).

뜯은 나물(4월 11일).

산나물

풀솜대
(지장나물, 지장보살)

백합과 | 여러해살이풀

크기 20~50cm
꽃 피는 때 5~6월
자라는 곳 산의 숲 속 응달

보릿고개 때 주린 배를 채워 준 고마운 나물이라고 지장나물, 지장보살이라고도 한다. 잎맥이 뚜렷한 잎이 줄기 양쪽으로 어긋나게 달린다. 어린순을 데쳐서 쌈으로 먹고, 다른 산나물과 된장이나 간장, 고추장에 무쳐 먹는다. 데친 나물을 볶아도 맛있다. 비빔밥에 넣거나, 묵나물로 먹기도 한다.

나물 할 때
봄

나물 하는 방법
어린순을 뜯는다.

추천 음식
데쳐서 쌈이나 무침·볶음, 비빔밥,
묵나물 볶음

나물 하기 좋은 때(4월 13일).

꽃 핀 모습(6월 11일).

꽃봉오리가 맺힌 모습(5월 4일).

뜯은 나물(4월 11일).

익은 열매(9월 25일).

열매(7월 9일).

선밀나물

백합과 | 여러해살이풀

크기 100cm 정도
꽃 피는 때 5~6월
자라는 곳 산, 들

잎에 윤기가 난다. 밀나물과 비슷한데 서서 자란다고 선밀나물이다. 싹이 날 때는 물기가 많고 통통하다. 암수딴그루고, 꽃이 피는 줄기는 이파리와 꽃봉오리가 같이 올라온다. 어린순을 데쳐서 무치거나, 초고추장에 찍어 먹는다. 들기름에 볶아도 맛있고, 국도 끓인다. 다른 나물과 섞어 먹어도 좋다.

나물 할 때
봄

나물 하는 방법
어린순을 뜯는다.

추천 음식
데쳐서 초고추장 찍어 먹거나 무침, 볶음, 국

나물 하기 좋은 때(4월 12일).

꽃 핀 모습(5월 9일).

이 때도 나물 하기 좋다(4월 8일).

자라는 모습(4월 18일).

산나물

싹 나물 하기 좋은 때(5월 7일).

이 때도 나물 하기 좋다(5월 7일).

암그루(6월 9일).

수그루(7월 16일).

밀나물

백합과 | 여러해살이풀

크기 200~300cm
꽃 피는 때 5~7월
자라는 곳 산, 들

덩굴로 뻗으며 자라고, 덩굴손이 있다. 달걀 모양 잎은 잎맥이 뚜렷하고, 가장자리가 밋밋하다. 어린순을 고추장에 찍어 먹고, 데쳐서 초고추장이나 초무침을 해도 맛있다. 간장이나 된장에 무치고, 장에 찍어 먹기도 한다. 데친 걸 쌈으로 먹기도 한다. 들기름에 볶아도 맛있고, 국도 끓인다.

나물 할 때
봄

나물 하는 방법
어린순을 뜯는다.

추천 음식
고추장 찍어 먹기,
데쳐서 초고추장 무침 · 초무침 · 볶음,
데쳐서 쌈이나 장 찍어 먹기, 국

잎이 펴지기 시작한 모습(5월 7일).

어린잎(5월 8일).

데친 나물(5월 7일).

산나물

마 자라는 모습(5월 9일).

참마 암꽃(7월 20일).

마 구슬눈(8월 20일).

마수꽃(7월 16일).

마 열매(8월 21일).

산에서 자란 마 뿌리(7월 6일).

재배한 마 구운 것(8월 31일).

참마 구슬눈 밥(9월 3일).

마 구슬눈 조림(9월 22일).

마ㄱ참마

마과 | 여러해살이풀

크기 200cm 정도
꽃 피는 때 6~7월
자라는 곳 산

잎은 생으로 쌈이나 무쳐 먹는다. 뿌리는 위를 보호하고, 소화를 도와준다. 껍질을 벗기고 참기름과 소금에 찍어 먹고, 갈아 먹기도 한다. 삶거나 구워 먹고, 말려서 갈아 먹어도 좋다. 줄기에 달린 구슬눈(주아, 살눈)을 생으로 먹고, 밥에 넣거나 간장에 조린다. 참마도 같은 방법으로 먹는다.

나물 할 때
잎 – 봄
뿌리 – 가을
구슬눈 – 여름~가을

나물 하는 방법
잎 – 부드러운 잎과 순을 딴다.
뿌리 – 캔다.
구슬눈 – 딴다.

추천 음식
잎 – 쌈, 무침
뿌리 – 생으로 먹기, 삶거나 굽거나 갈아 먹기
구슬눈 – 생으로 먹기, 밥, 조림

들나물

들풀

밭고랑에 난 풀
이름 없는 풀인 줄 알았는데
다 이름 있다.

쓰임 없는 풀인 줄 알았더니
제각각 쓰임 있다.

흔하게 깔려 자라도
웬만한 건 먹을 수 있다.

지천으로 깔려 있어도,
맛난 나물이어도
다 뜯지 않는다.
꽃 피고 열매 맺을 거 남겨 둔다.

그래야
애벌레도 살고, 들쥐도 살고, 새도 살고,
후손들도 산다. 들풀도 산다.

그래서 꼭 필요한 만큼만 얻는다.

생식줄기 나물 하기 좋은 때(3월 24일).

싹(5월 3일).

무리지어 자라는 생식줄기(3월 30일).

쇠뜨기

속새과 | 여러해살이풀

크기 20~40cm
꽃 피는 때 3월 말~5월
자라는 곳 풀밭

소가 잘 뜯어 먹어서 쇠뜨기다. 생식줄기(뱀밥)가 붓같이 생겼고, 나물 해 먹어서 필두채라고도 한다. 이른 봄에 올라오는 생식줄기를 데쳐서 볶아 먹는다. 조림이나 튀김을 하고, 밥 지을 때 넣기도 한다. 영양분이 풍부해 많이 먹으면 설사를 할 수도 있다.

나물 할 때
봄

나물 하는 방법
어린 생식줄기를 뜯는다.

추천 음식
데쳐서 볶음, 조림, 튀김, 나물밥

어린 모습(4월 14일).

자라는 모습(4월 16일).

생식줄기 뜯은 나물(3월 25일).

나물 하기 좋은 때(4월 16일).

열매(9월 17일).

자라는 모습(9월 2일).

꽃 핀 모습(6월 24일).

며느리배꼽

마디풀과 | 한해살이풀

크기 200cm 정도
꽃 피는 때 6~9월
자라는 곳 길가, 빈 터

둥근 포 가운데 달리는 열매가 배꼽을 닮아서 며느리배꼽이다. 잎이나 자라는 모습이 며느리밑씻개와 닮았는데, 잎자루가 잎 가장자리 안쪽에 붙는 점이 다르다. 새콤한 싹과 어린순을 나물 해 먹는다. 싹은 생으로 비빔밥에 넣거나, 다른 나물과 섞어 무친다. 어린잎도 생으로나 데쳐서 무쳐 먹는다.

나물 할 때
봄

나물 하는 방법
싹-뽑는다.
잎-어린순과 잎을 뜯는다.

추천 음식
싹-비빔밥, 무침
잎-생으로나 데쳐서 무침

잎 앞면(8월 23일).

잎 뒷면. 잎자루가 가장자리 안쪽에 붙었다(6월 8일).

어린순 뜯은 나물(4월 16일).

며느리배꼽 무침(5월 5일).

들나물

잎(7월 16일).

싹 나물 하기 좋은 때(3월 17일).

며느리밑씻개   며느리배꼽
며느리밑씻개와 며느리배꼽 견주어 보기(6월 9일).

꽃 핀 모습(7월 16일).

싹 뜯은 나물(3월 17일).

며느리밑씻개 싹과 봄나물 무칠 것(3월 22일).

며느리밑씻개

마디풀과 | 한해살이풀

크기 100~200cm
꽃 피는 때 6~9월
자라는 곳 들이나 산, 빈 터

며느리 벌 주려고 이 풀로 뒤를 닦게 했다고 며느리밑씻개다. 이 풀 삶은 물로 엄마들 밑을 씻으면 좋다고 해서 며느리밑씻개가 되었다고도 한다. 싹과 어린순을 나물 해 먹는데, 새콤한 맛이 난다. 싹과 어린순은 생으로 비빔밥에 넣거나 다른 봄나물과 섞어 무쳐 먹는다. 어린순을 데쳐서 무치기도 한다.

나물 할 때
봄

나물 하는 방법
싹 – 뽑는다.
어린순 – 뜯는다.

추천 음식
싹 – 비빔밥, 무침
어린순 – 비빔밥, 무침, 데쳐서 무침

어린잎 뜯은 나물(5월 3일).

며느리밑씻개 무침(5월 9일).

환삼덩굴

삼과 | 한해살이풀

크기 500cm 정도
꽃 피는 때 7~10월
자라는 곳 길가, 빈 터

삼 잎을 닮았고, 덩굴로 자라서 환삼덩굴이다. 줄기와 잎에 가시가 있어 긁히면 아프다. 농사꾼한테는 성가신 풀이지만, 갓 올라온 싹은 나물 해 먹는다. 다른 나물과 섞어 무치거나, 새싹 비빔밥을 한다. 열매와 줄기는 혈압을 낮추고, 폐를 튼튼하게 하며, 오줌을 잘 나오게 하는 약 따위로 쓴다.

나물 할 때
봄

나물 하는 방법
싹을 뜯는다.

추천 음식
무침, 비빔밥

나물 하기 좋은 때(3월 17일).

암그루(9월 9일).

수그루(9월 6일).

환삼덩굴 싹과 봄나물 무침(3월 23일).

뜯은 나물. 새싹 비빔밥 하기 좋다(3월 17일).

싹. 떡잎이 길쭉하다(3월 17일).

모시풀

쐐기풀과 | 여러해살이풀

크기 150~200cm
꽃 피는 때 7~10월
자라는 곳 밭, 빈 터

작은 나무처럼 보이지만 풀이다. 줄기 껍질로 모시를 짠다. 모시는 바람이 드나들기 쉽고, 땀을 잘 빨아들여 여름옷을 만들기 좋다. 심어 가꾸고, 절로 자라기도 한다. 잎 뒷면에는 솜털이 빽빽해 뽀얗다. 부드러운 잎을 삶아 멥쌀과 함께 빻은 다음 모시 송편이나 개떡을 해 먹고, 장아찌를 담그기도 한다.

나물 할 때
봄

나물 하는 방법
부드러운 잎을 뜯는다.

추천 음식
송편, 개떡, 장아찌

떡 해 먹기 좋은 때(5월 10일).

암꽃(9월 15일).

수꽃(10월 19일).

뜯은 잎(5월 16일).

모시 개떡(5월 29일).

모시 송편(5월 8일).

나물 하기 좋은 때(4월 7일).

꽃 핀 전체 모습(5월 15일).

열매(6월 19일).

소리쟁이

마디풀과 | 여러해살이풀

크기 30~80cm
꽃 피는 때 5~7월
자라는 곳 물가, 들의 축축한 곳

포기 가운데 난 어린잎으로 국이나 나물죽을 끓이고, 데쳐서 무쳐 먹는다. 잘게 썰어 부침개에 넣기도 한다. 어린 속잎은 새 혀처럼 생겼는데, 데친 다음 따뜻한 물로 씻어 초무침을 하고, 된장이나 매실 진액에 무쳐 먹는다. 많이 먹으면 요로결석이 생기니 조심한다.

나물 할 때
봄

나물 하는 방법
어린잎을 뜯는다.

추천 음식
잎 – 국, 나물죽, 데쳐서 무침, 부침개
속잎 – 데쳐서 초무침,
　　　된장이나 매실 진액에 무침

어린 속잎 뜯은 나물(4월 9일).

소리쟁이 어린 속잎 무침(4월 9일).

뜯은 나물(4월 3일).

소리쟁이 나물(4월 5일).

나물 하기 좋은 때(4월 16일).

꽃 핀 모습(9월 24일).

꽃봉오리(9월 24일).

자란 잎(10월 4일).

고마리

마디풀과 | 한해살이풀

크기 60~80cm
꽃 피는 때 8~10월
자라는 곳 물가

물가에서 자라며 물을 깨끗하게 해 준다고 '고마우리, 고마우리' 하다가 고마리가 되었다. 봄에 어린순이나 잎이 벌어지기 시작했을 때 데쳐서 우려낸 뒤 된장이나 간장, 초고추장에 무친다. 된장국도 끓인다. 웃자라면 잎과 줄기에 있는 가시가 거칠어 먹지 않는다. 꽃은 튀김을 한다.

나물 할 때
잎 – 봄
꽃 – 가을

나물 하는 방법
잎 – 어린순을 뜯는다.
꽃 – 딴다.

추천 음식
잎 – 데쳐서 무침, 된장국
꽃 – 튀김

물가에 무리지어 핀 모습(9월 24일).

뜯은 나물(4월 16일).

튀김 할 꽃(10월 4일).

고마리 꽃 튀김(10월 4일).

쇠비름

쇠비름과 | 한해살이풀

크기 15~30cm
꽃 피는 때 5~8월
자라는 곳 밭, 빈 터

잎이 말 이빨을 닮았다고 마치현, 먹으면 목숨을 오래 잇는 풀이라고 장명채라고도 한다. 연한 잎과 줄기를 생으로 무치거나, 데쳐서 초고추장에 무쳐 먹는다. 비빔밥에 넣거나, 쌈밥을 해도 맛있다. 대장암 예방과 당뇨병에 좋다. 많이 먹으면 요로결석이 생기는 옥살산이 들어 있으므로 조리하기 전에 충분히 우려낸다.

나물 할 때
늦봄~여름

나물 하는 방법
연한 잎과 줄기를 뜯는다.

추천 음식
무침, 데쳐서 초고추장 무침, 비빔밥, 쌈밥

나물 하기 좋은 때(5월 13일).

꽃 핀 모습(5월 23일).

뜯은 나물(7월 1일).

쇠비름 양배추 쌈밥(7월 2일).

쇠비름 초고추장 무침(8월 3일).

점나도나물 ⊃
유럽점나도나물

석죽과 | 두해살이풀

크기 15~25cm
꽃 피는 때 4~7월
자라는 곳 밭, 들

줄기와 잎에 털이 많고, 깊게 파인 꽃잎이 다섯 장이다. 어린순을 데쳐서 무치거나, 된장국을 끓여 먹는다. 냉이 된장국을 끓일 때 넣어도 맛있다. 이 무렵 막 나기 시작한 부추와 조갯살을 넣고 부침개를 해도 좋다. 벼룩이자리와 같이 먹어도 잘 어울린다. 유럽점나도나물도 같은 방법으로 먹는다.

나물 할 때
봄

나물 하는 방법
어린순을 뜯는다.

추천 음식
데쳐서 무침, 된장국, 부침개

점나도나물 나물 하기 좋은 때(3월 1일).

점나도나물 꽃(5월 1일).

유럽점나도나물 꽃(4월 12일).

유럽점나도나물(3월 1일).

점나도나물. 이 때도 나물 하기 좋다(3월 29일).

점나도나물 뜯은 나물(3월 20일).

들나물

벼룩나물(나락나물)

석죽과 | 두해살이풀

크기 15~25cm
꽃 피는 때 4~6월
자라는 곳 빈 터, 논밭

논에서 잘 자라고 작은 잎이 나락만 하다고 나락나물, 벼룩별꽃이라고도 한다. 꽃잎이 다섯 장인데 깊게 파여 열 장처럼 보인다. 마주나는 잎은 갸름하고 반들반들하며, 전체에 털이 없다. 어린순을 뜯어 고춧가루 양념이나 초고추장에 무친다. 고기와 쌈을 먹을 때 넣으면 맛있다. 데쳐서 간장이나 고추장에 무쳐 먹기도 한다.

나물 할 때
봄

나물 하는 방법
어린순을 뜯는다.

추천 음식
생으로나 데쳐서 무침, 쌈

나물 하기 좋은 때(4월 12일).

꽃 핀 모습(4월 12일).

벼룩나물 쌈(4월 12일).

이 때도 나물 하기 좋다(3월 3일).

벼룩이자리

석죽과 | 두해살이풀

크기 10~25cm
꽃 피는 때 4~5월
자라는 곳 깊은 산

모래별꽃이라고도 한다. 벼룩나물과 비슷한데, 전체에 털이 있다. 냉이를 캘 무렵에 나물 해 먹으면 맛있다. 어린순을 모아 잡고 당기면 뿌리가 떨어진다. 냉이와 된장국에 넣고, 데쳐서 무쳐 먹기도 한다. 생 콩가루를 묻혀 찐 다음 무쳐도 맛있다.

나물 할 때
겨울~이듬해 봄

나물 하는 방법
어린순을 뜯는다.

추천 음식
된장국, 데쳐서 무침, 콩가루 묻힌 무침

나물 하기 좋은 때(2월 11일).

꽃 핀 모습(4월 20일).

뜯은 나물(2월 11일).

벼룩이자리 된장국(2월 11일).

나물 하기 좋은 때(4월 3일).

꽃. 암술대가 3갈래다(4월 12일).

어린잎(4월 12일).

줄기에 한 줄로 털이 있다(3월 17일).

별꽃

석죽과 | 두해살이풀

크기 10~20cm
꽃 피는 때 2~6월
자라는 곳 길가, 들, 빈 터

꽃이 별 모양을 닮아 별꽃이다. 부드러운 순을 다른 나물과 섞어 무친다. 데쳐서 된장이나 간장에 무치기도 한다. 땅콩이나 호두 가루를 넣고 무쳐도 맛이 잘 어우러진다. 부침개 할 때 잎을 생으로나 갈아서 넣으면 빛깔도 곱고 맛있다. 된장국도 끓인다.

나물 할 때
봄(남쪽 양지바른 데서는 1년 내내)

나물 하는 방법
부드러운 순을 뜯는다.

추천 음식
생으로나 데쳐서 무침, 부침개, 된장국

잎 아래가 둥글다(11월 1일).

뜯은 나물(9월 9일).

별꽃 부침개(5월 6일).

들나물

나물 하기 좋은 때(4월 14일).

꽃. 암술대가 5갈래다(4월 26일).

어린 모습(3월 17일).

쇠별꽃

석죽과 | 두해살이풀

잎 아래가 심장 모양이다(4월 13일).

크기 20~50cm
꽃 피는 때 4~5월
자라는 곳 길가, 들, 빈 터

꽃이 별 모양을 닮았는데, 별꽃보다 조금 큰 편이다. 부드러운 순을 다른 나물과 섞어 무친다. 데쳐서 된장이나 간장에 무치기도 한다. 땅콩이나 호두 가루를 넣고 무쳐도 맛이 잘 어우러진다. 부침개 할 때 잎을 생으로나 갈아서 넣으면 빛깔도 곱고 맛있다. 된장국도 끓인다.

뜯은 나물(5월 9일).

나물 할 때
봄

나물 하는 방법
부드러운 순을 뜯는다.

추천 음식
생으로나 데쳐서 무침, 부침개, 된장국

쇠별꽃 무침(5월 9일).

쇠별꽃 부침개(4월 8일).

들나물 227

명아주 나물 하기 좋은 때(4월 25일).

명아주 자란 모습(7월 6일).

명아주 뜯은 나물(4월 25일).

명아주 종류 꽃봉오리가 맺힌 모습(9월 9일).

명아주 무침(5월 13일).

명아주ㄱ
참명아주, 취명아주

명아주과 | 한해살이풀

데치지 않고 말린 명아주 나물(5월 25일).

크기 30~200cm
꽃 피는 때 6~10월
자라는 곳 빈 터, 밭

느쟁이, 느장이라고도 한다. 줄기를 삶아 청려장이라는 지팡이를 만든다. 어린순을 뜯어 잎에 있는 흰 가루를 털고 먹는다. 데쳐서 된장이나 간장으로 무치면 부드럽고 맛있다. 묵나물로 명아주 밥을 짓거나 된장국도 끓인다. 으깬 두부와 명아주 나물을 넣은 메밀 전병은 강원도 향토 음식이다. 많이 먹으면 몸이 붓는 성분이 있으니 조심한다. 참명아주와 취명아주도 같은 방법으로 먹는다.

명아주 밥과 명아주 된장국(5월 28일).

나물 할 때
봄

나물 하는 방법
어린순을 뜯는다.

추천 음식
데쳐서 무침, 묵나물 볶음, 나물밥, 된장국, 메밀 전병

명아주 메밀 전병 소(5월 31일).

명아주 메밀 전병(5월 31일).

들나물 229

댑싸리

명아주과 | 한해살이풀

크기 100~150cm
꽃 피는 때 7~10월
자라는 곳 빈 터, 길가

다 자란 걸 통째로 베어 말려 마당비를 만든다. 줄기가 많이 갈라지고, 둥글게 자라기도 한다. 어린순을 쌀가루에 버무려 떡을 한다. 데쳐서 무치거나 비빔밥에 넣고, 된장국을 끓이기도 한다. 씨나 전체를 위와 장, 두드러기, 오줌이 잘 나오게 하는 약으로도 쓴다.

나물 할 때
봄~여름

나물 하는 방법
어린순을 딴다.

추천 음식
떡, 된장국, 데쳐서 무침, 비빔밥

부드러운 순을 나물 한대(8월 23일).

가을 모습(10월 27일).

꽃(10월 27일).

뜯은 나물(6월 31일).

댑싸리 된장국(7월 2일).

열매(10월 27일).

나물 하기 좋은 때(7월 6일).

쇠무릎(우슬)
비름과 | 여러해살이풀

크기 50~100cm
꽃 피는 때 8~9월
자라는 곳 산, 들

마디가 불뚝하여 소 무릎을 닮았다고 쇠무릎이다. 우슬이라고도 한다. 예전에는 뱀에 물렸을 때 줄기와 잎을 찧어 발랐다. 부드러운 잎과 연한 순을 쌈이나 무쳐서 먹는다. 데쳐서 된장이나 초고추장에 무치기도 한다. 튀김을 하고, 된장국도 끓인다. 뿌리는 신경통이나 관절염 따위에 약으로 쓴다.

나물 할 때
봄~여름

나물 하는 방법
부드러운 잎과 연한 순을 뜯는다.

추천 음식
쌈, 생으로나 데쳐서 무침, 튀김, 된장국

꽃 핀 모습(8월 23일).

불뚝한 마디(8월 30일).

뜯은 나물(7월 6일).

쇠무릎 무침(7월 23일).

꽃 핀 모습(8월 15일).

백련(7월 6일).

열매를 연밥이라 한다(8월 15일).

잎과 꽃봉오리(7월 6일).

백련차(7월 9일).

연잎 밥 짓기 (8월 31일)

재료 - 찹쌀, 밤, 콩, 은행, 땅콩, 팥, 잣

밥을 지어 고명(마, 대추 등) 얹고 연잎으로 싸기

찜 솥에 찌기

연잎밥

연꽃

수련과 | 여러해살이풀

크기 100~200cm
꽃 피는 때 6~8월
자라는 곳 연못, 늪

잎이 물에 젖지 않는다. 뿌리줄기를 연근이라 해서 삶아 먹거나 조림, 튀김을 한다. 벌집같이 생긴 열매(연밥)가 달리는데, 씨가 익으면 밥에 놓아 먹거나, 생으로 먹는다. 잎은 차로 마시고, 연잎 밥도 만든다. 이 때 향이 더 좋은 흰 연꽃의 잎을 주로 쓴다. 흰 연꽃은 백련이라고 하며, 꽃과 잎으로 차도 만든다.

나물 할 때
뿌리줄기 - 가을~이듬해 봄
잎·꽃 - 여름
열매 - 여름~가을

나물 하는 방법
뿌리줄기 - 캔다.
잎 - 쇠기 전에 뜯는다.
꽃 - 꽃봉오리를 딴다.
열매 - 씨가 익으면 딴다.

추천 음식
뿌리줄기 - 조림, 튀김, 삶기
잎 - 차, 연잎 밥
꽃 - 차
열매 - 씨 껍데기를 벗겨 생으로나
     밥에 놓아 먹기

들나물 233

순채(순나물)

수련과 | 여러해살이풀

크기 40~100cm
꽃 피는 때 6월 말~8월
자라는 곳 연못, 늪

순나물이라고도 한다. 잎이 날 때 맑고 끈적끈적한 점액에 둘러싸여 있다. 싹과 어린잎을 나물 한다. 데쳐서 된장이나 초고추장에 무치고, 오미자와 함께 달여 차로 마시기도 한다. 물김치를 담그거나 나물죽을 끓여도 맛있다. 줄기와 잎은 이뇨제로 쓴다. 멸종위기식물로 자생하는 게 많지 않아 보호해야 한다.

나물 할 때
초여름

나물 하는 방법
싹과 어린잎을 딴다.

추천 음식
데쳐서 무침, 차, 물김치, 나물죽

나물 하기 좋은 때(7월 7일).

꽃 핀 모습(7월 18일).

잎 자라는 모습(7월 18일).

꽃잎 닫은 모습(7월 19일).

삼백초

삼백초과 | 여러해살이풀

나물 하기 좋은 때(5월 9일).

크기 50~100cm
꽃 피는 때 6~8월
자라는 곳 들, 제주도 습지

꽃 필 무렵이면 위쪽 잎이 꽃처럼 하얘진다. 꽃과 잎, 뿌리가 희다고 삼백초다. 흔히 심어 가꾸고, 어린잎과 순을 데쳐서 무치거나 쌈으로 먹는다. 전체를 몸이 붓거나 오줌이 나오지 않을 때, 황달이나 간염 따위에 약으로 쓴다. 멸종위기식물로 자생하는 게 많지 않아 보호해야 한다.

꽃 핀 모습(7월 11일).

나물 할 때
봄~여름

나물 하는 방법
부드러운 잎과 순을 뜯는다.

추천 음식
데쳐서 무치거나 쌈

쌈 싸 먹기 좋은 때(4월 23일).

삼백초 쌈(7월 9일).

유채(겨울초)

십자화과 | 두해살이풀

크기 100cm 정도
꽃 피는 때 4~5월
자라는 곳 밭, 들, 빈 터

기름을 짜는 채소라고 유채다. 유채 씨 기름을 채종유라 한다. 겨울에도 얼지 않아 나물 해 먹는다고 겨울초라고도 한다. 기름을 짜고, 나물 해 먹고, 꽃을 보기 위해 심어 가꾼다. 들판에 절로 자라기도 한다. 어린순을 겉절이나 쌈으로 먹는다. 데쳐서 된장이나 간장에 무쳐도 부드럽고 맛있다. 비빔밥을 하거나 된장국을 끓이기도 한다.

나물 할 때
겨울~이듬해 봄

나물 하는 방법
어린순을 뜯는다.

추천 음식
겉절이, 쌈, 데쳐서 무침, 비빔밥, 된장국

나물 하기 좋은 때(4월 12일).

꽃 핀 모습(4월 20일).

자란 모습(4월 12일).

유채 겉절이(4월 20일).

유채 비빔밥(3월 26일).

뜯은 나물(4월 12일).

나물 하기 좋은 때(3월 30일).

꽃 핀 모습(4월 16일).

갓

십자화과 | 두해살이풀

크기 100cm 정도
꽃 피는 때 4~6월
자라는 곳 들, 빈 터

퍼져 자라는 것이 심어 가꾼 것보다 매운맛과 향이 강하다. 씨는 가루를 내어 매운 양념으로 쓴다. 잎이 붉은 것은 적색갓, 푸른 것은 청색갓, 섞인 것은 얼청갓이라 한다. 부드러운 잎과 어린순을 쌈이나 겉절이를 하고, 갓김치를 담근다. 김치에 양념으로 넣기도 한다. 톡 쏘는 매운맛과 향이 독특하다.

나물 할 때
겨울~이듬해 봄

나물 하는 방법
부드러운 잎과 어린순을 뜯는다.

추천 음식
쌈, 겉절이, 김치, 김치 양념

청색갓(3월 30일).

적색갓(3월 30일).

갓 쌈(3월 30일).

갓김치(5월 20일).

들나물

나물 하기 좋은 때(3월 1일).

꽃 핀 모습(3월 17일).

꽃대 올라오는 모습(3월 12일).

뿌리째 캔 냉이(3월 2일).

냉이 된장국(3월 2일).

냉이 초밥(3월 9일).

달걀노른자 묻힌 냉이 초밥(3월 9일).

냉이

십자화과 | 두해살이풀

크기 10~50cm
꽃 피는 때 3~6월
자라는 곳 들, 밭 가, 집 둘레

나새이, 나생이라고도 한다. 꽃대가 올라오기 전에 뿌리째 캐서 겉절이를 하거나, 된장국을 끓인다. 콩가루를 묻혀 찌거나, 데쳐서 무쳐도 맛있다. 데친 걸 된장이나 쌈장에 찍어 먹기도 하고, 총총 썰어서 초밥을 만들 때 넣으면 향도 좋고 씹는 맛도 그만이다. 고혈압이나 당뇨 따위에 약으로 쓴다.

나물 할 때
겨울~이듬해 봄

나물 하는 방법
꽃대가 올라오기 전에 뿌리째 캔다.

추천 음식
겉절이, 된장국, 콩가루 묻혀 찜,
데쳐서 무치거나 장 찍어 먹기, 초밥

들나물 239

말냉이

십자화과 | 두해살이풀

크기 20~50cm
꽃 피는 때 3~5월
자라는 곳 밭둑, 빈 터

냉이보다 커서, 짐승 가운데 큰 편인 말을 빗대어 말냉이라 한다. 말냉이 잎은 냉이보다 짙은 녹색이고 두꺼우며, 톱니도 둔하다. 어릴 때 뿌리째 캐서 냉이처럼 된장국을 끓이고, 데쳐서 무치기도 한다. 콩가루를 묻혀 국을 끓이거나, 콩가루를 묻혀 찐 다음 무쳐도 맛있다.

나물 할 때
겨울~이듬해 봄

나물 하는 방법
꽃대가 올라오기 전에 뿌리째 캔다.

추천 음식
된장국, 데쳐서 무침, 국, 콩가루 묻혀 무침

나물 하기 좋은 때(2월 25일).

꽃 핀 모습(3월 25일).

겨울을 나는 뿌리잎(2월 21일).

뿌리째 캔 나물(2월 25일).

열매(5월 23일).

줄기가 올라오는 모습(3월 30일).

물냉이

십자화과 | 여러해살이풀

나물 하기 좋은 때(5월 4일).

꽃 핀 모습(5월 4일).

크기 30~90cm
꽃 피는 때 4~5월
자라는 곳 개울가, 논, 도랑

꽃이 냉이를 닮았고, 물가에서 자라 물냉이다. 줄기 아랫부분은 옆으로 기며 마디에서 뿌리를 내린다. 하얀 뿌리가 수염처럼 난다. 톡 쏘는 매운맛이 나서 어린순으로 닭고기 샐러드를 하거나, 고기와 쌈을 먹을 때 넣기도 한다. 다른 나물과 섞어 무치거나, 데쳐서 무쳐도 맛있다. 튀김도 한다.

나물 할 때
봄

나물 하는 방법
어린순을 뜯는다.

추천 음식
샐러드, 쌈, 생으로나 데쳐서 무침, 튀김

어린 모습(5월 4일).

뻗는 모습(11월 26일).

열매 맺는 모습(5월 23일).

뜯은 나물(5월 5일).

들나물 241

나물 하기 좋은 때(3월 29일).

꽃 핀 모습(5월 16일).

열매가 익어 가는 전체 모습(9월 7일).

개갓냉이

십자화과 | 여러해살이풀

크기 20~50cm
꽃 피는 때 5~6월
자라는 곳 들, 논밭

냉이 종류인데, 갓처럼 매운맛이 나서 개갓냉이다. 노란 꽃이 피며, 뿌리잎이 냉이를 닮았지만 매운맛이 나 냉이처럼 즐겨 먹지는 않는다. 부드러운 잎을 고기와 쌈으로 먹거나, 무쳐도 좋다. 전체를 기침이나 가래에 약으로 쓴다.

나물 할 때
가을~이듬해 봄

나물 하는 방법
뿌리잎과 부드러운 줄기잎을 뜯는다.

추천 음식
쌈, 무침

이른 봄 뿌리잎(3월 24일).

가을에도 나물 하기 좋다(9월 16일).

뜯은 나물(4월 16일).

개갓냉이 무침(4월 16일).

나도냉이ㄱ
유럽나도냉이

십자화과 | 두해살이풀

크기 50~100cm
꽃 피는 때 4~6월
자라는 곳 산과 들의 축축한 곳

나물 하기 좋은 때(4월 26일).

산이나 들의 축축한 곳을 좋아한다. 뿌리잎은 무 잎처럼 갈라지고, 냉이처럼 꽃 방석 모양으로 겨울을 난다. 냉이 종류 가운데 키가 멀쑥하니 큰 편이고, 줄기도 여러 대 올라온다. 노란 꽃이 무더기로 피면 소담하다. 뿌리잎을 생으로 무치고, 데쳐서 쌈이나 무쳐 먹는다.

나물 할 때
봄

나물 하는 방법
부드러운 잎을 뜯는다.

추천 음식
무침, 데쳐서 쌈이나 무침

꽃 핀 전체 모습(4월 25일).

뿌리잎. 이 때도 나물 하기 좋다(4월 25일).

줄기가 올라온 모습(4월 26일).

유럽나도냉이 꽃 필 무렵 잎(4월 25일).

꽃다지

십자화과 | 두해살이풀

크기 10~25cm
꽃 피는 때 3~5월
자라는 곳 들, 빈 터

이른 봄, 밭에 가 보면 냉이랑 같이 있다. 지난해에 난 싹이 겨울을 난 모습이다. 냉이처럼 꽃대가 올라오기 전에 뿌리째 캔다. 뿌리는 두고 잎만 똑 따기도 한다. 쓴맛이 없고 부드러워 냉이와 된장국을 끓이거나, 다른 나물과 데쳐서 무쳐 먹는다. 꽃은 꽃전을 부친다.

나물 할 때
겨울~이듬해 봄

나물 하는 방법
잎 – 뿌리잎 전체를 뜯는다.
꽃 – 꽃이 모여난 위쪽 줄기를 뜯는다.

추천 음식
잎 – 된장국, 데쳐서 무침
꽃 – 꽃전

나물 하기 좋은 때(2월 25일).

꽃 핀 모습(4월 1일).

꽃이 피기 시작한 모습(3월 9일).

열매(4월 11일).

뜯은 나물(3월 3일).

꽃다지·진달래·고추나무 꽃전(4월 4일).

돌나물

돌나물과 | 여러해살이풀

크기 15cm 정도
꽃 피는 때 5~6월
자라는 곳 밭둑, 빈 터

꽃이 피기 전까지 먹을 수 있다. 상에 내기 전에 초고추장 양념을 얹거나 무친다. 미리 무쳐 놓으면 물이 생겨 맛이 없다. 돌나물 물김치를 담글 때 돌미나리를 넣으면 아삭한 맛과 향이 잘 어우러진다. 무를 채 썰어 넣거나, 다른 나물과 무쳐도 맛있다. 갈아서 즙으로 먹기도 한다.

나물 할 때
봄~여름

나물 하는 방법
부드러운 순을 뜯는다.

추천 음식
무침, 물김치, 즙

나물 하기 좋은 때(3월 30일).

꽃 핀 모습(5월 24일).

이 때도 나물 하기 좋다(5월 3일).

뜯은 나물(3월 30일).

돌나물 초고추장 무침(4월 18일).

돌나물 물김치(4월 28일).

가락지나물

장미과 | 여러해살이풀

크기 20~60cm
꽃 피는 때 5~7월
자라는 곳 축축한 곳

잎이 손을 닮았고, 꽃이 피면 가락지를 낀 손 같다고 가락지나물이다. 뿌리잎이 작은 잎 다섯 장으로 된 손바닥 모양이다. 줄기잎은 작은 잎 세 장이다. 줄기는 비스듬히 기면서 자라다가 윗부분이 선다. 부드러운 잎을 다른 나물과 같이 데쳐서 무치거나, 묵나물로 먹는다. 된장국도 끓인다.

나물 할 때
봄

나물 하는 방법
부드러운 잎을 뜯는다.

추천 음식
데쳐서 무침, 묵나물 볶음, 된장국

나물 하기 좋은 때(3월 29일).

꽃 핀 모습(5월 6일).

자란 잎(6월 8일).

뜯은 나물(3월 1일).

들나물 247

갈퀴나물

콩과 | 여러해살이풀

크기 100~200cm
꽃 피는 때 6~9월
자라는 곳 들이나 산기슭

덩굴손이 갈퀴를 닮았고, 나물 해 먹는다고 갈퀴나물이다. 말굴레풀, 말너울풀이라고도 한다. 줄기는 가늘고 네모나며, 길게 뻗는다. 작은 잎 여러 장으로 된 잎은 잎자루 끝이 2~3개로 갈라진 덩굴손이 있다. 어린순을 뜯어 무치거나 쌈으로 먹는다. 데쳐서 무쳐도 맛있다. 된장국도 끓인다.

나물 할 때
봄

나물 하는 방법
어린순을 뜯는다.

추천 음식
쌈, 생으로나 데쳐서 무침, 된장국

나물 하기 좋은 때(4월 14일).

꽃 핀 모습(8월 30일).

갈퀴나물 종류 무리지어 꽃 핀 모습(5월 12일).

뜯은 나물(4월 14일).

자란 모습(6월 21일).

살갈퀴

콩과 | 두해살이풀

크기 60~150cm
꽃 피는 때 4~5월
자라는 곳 양지바른 들, 풀밭, 길가

잎 끝이 갈퀴처럼 갈라져서 살갈퀴다. 새순을 덩굴이 자라기 전에 생으로 무치거나, 데쳐서 무치기도 한다. 열매는 콩이 여물기 전에 꼬투리를 따서 튀김을 하거나, 데쳐서 볶아 먹는다. 어린 열매를 뜨거운 물에 데쳐서 버섯이나 멸치와 같이 볶는다. 콩은 완두처럼 삶아 먹고, 밥에 넣어도 맛있다.

나물 할 때
봄

나물 하는 방법
잎-부드러운 순을 뜯는다.
열매-콩이 여물기 전에 딴다.

추천 음식
잎-생으로나 데쳐서 무침
열매-튀김, 데쳐서 볶음, 삶기, 밥에 넣기

나물 하기 좋은 때(3월 2일).

꽃 핀 모습(5월 5일).

어린 모습(1월 7일).

열매(5월 6일).

꼬투리 속에 든 살갈퀴 콩(5월 3일).

뜯은 나물(3월 1일).

들나물

자운영

콩과 | 두해살이풀

크기 10~25cm
꽃 피는 때 4~6월
자라는 곳 축축한 들

나물 하기 좋은 때(4월 17일).

자줏빛 구름 같은 꽃이라고 자운영이다. 풋거름으로 쓰거나 꽃을 보기 위해 심어 가꾸며, 절로 자라기도 한다. 꽃이 피기 전에 뜯어야 맛있다. 부드러운 잎과 어린순을 데쳐서 된장이나 고추장, 간장에 무친다. 쓴 나물과 섞으면 맛이 잘 어우러진다. 된장국도 끓이고, 꽃은 튀김을 한다.

꽃 핀 모습(5월 11일).

나물 할 때
봄

나물 하는 방법
잎 - 부드러운 잎과 어린순을 뜯는다.
꽃 - 꽃봉오리나 갓 핀 꽃을 딴다.

추천 음식
잎 - 데쳐서 무침, 된장국
꽃 - 튀김

열매(4월 29일).

자운영 나물(4월 5일).

뜯은 나물(4월 15일).

깨풀

대극과 | 한해살이풀

크기 20~40cm
꽃 피는 때 8~10월
자라는 곳 길가, 밭

잎이 들깨 잎을 닮은 풀이라고 깨풀이다. 길가나 밭에서 흔하게 자란다. 암수한그루인데 수꽃은 주로 위쪽에 달리고, 암꽃은 아래쪽에 달린다. 더러 수꽃 위나 아래쪽에 암꽃이 섞여 달리기도 한다. 어린순을 데쳐서 떫은맛을 우려낸 다음 무치거나, 된장국을 끓인다.

나물 할 때
여름

나물 하는 방법
부드러운 순을 뜯는다.

추천 음식
데쳐서 무침, 된장국

나물 하기 좋은 때(7월 3일).

꽃 핀 모습(8월 29일).

싹(5월 19일).

열매 맺는 모습(10월 5일).

열매(8월 27일).

뜯은 나물(7월 29일).

들나물

괭이밥 나물 하기 좋은 때(5월 1일).

괭이밥 꽃 핀 모습(5월 3일).

잎이 붉은 종류(4월 5일).

괭이밥⊃선괭이밥

괭이밥과 | 여러해살이풀

크기 10~30cm
꽃 피는 때 4~9월
자라는 곳 길가, 빈 터

고양이가 소화가 안 되거나 배가 아플 때 뜯어 먹는다고 괭이밥이다. 잎에서 새콤한 맛이 나는데, 소화를 도와 주는 수산이라는 성분이 들어 있다. 봄과 여름에 보드라운 잎을 뜯어 무치거나, 비빔밥에 넣는다. 데쳐서 무치기도 한다. 잎이 붉은 종류와 선괭이밥도 같은 방법으로 먹는다.

나물 할 때
봄~여름

나물 하는 방법
부드러운 잎을 잎자루째 뜯는다.

추천 음식
생으로나 데쳐서 무침, 비빔밥

선괭이밥은 줄기가 꼿꼿이 선다(5월 22일).
괭이밥 열매(5월 15일).

괭이밥 뜯은 나물(6월 30일).

음식에 얹어 꾸민 괭이밥(8월 16일).

들나물 253

제비꽃

제비꽃과 | 여러해살이풀

크기 5~20cm
꽃 피는 때 4~5월
자라는 곳 양지쪽 풀밭, 들, 빈 터

강남 갔던 제비가 올 때 핀다고 제비꽃이다. 오랑캐꽃, 장수꽃이라는 별명도 있다. 잎은 생으로 무치거나 쌈 싸 먹고, 다른 나물과 데쳐서 무치기도 한다. 꽃은 진달래처럼 꽃전을 부친다. 잎을 같이 넣으면 더 예쁘다. 먹는 꽃과 나물은 모두 꽃전을 부칠 수 있다. 뿌리는 중풍, 설사, 황달에 약으로 쓴다.

나물 할 때
봄

나물 하는 방법
잎 – 부드러운 잎을 뜯는다.
꽃 – 꽃자루째 딴다.

추천 음식
잎 – 쌈, 생으로나 데쳐서 무침, 전
꽃 – 꽃전

나물 하기 좋은 때(4월 14일).

꽃 핀 모습(4월 20일).

뜯은 나물(4월 15일).

제비꽃 무침(4월 15일).

제비꽃 꽃전(3월 30일).

종지나물

제비꽃과 | 여러해살이풀

크기 20cm 정도
꽃 피는 때 4~5월
자라는 곳 뜰, 빈 터

심장 모양 잎이 종지를 닮았다고 종지나물이다. 미국제비꽃이라고도 한다. 뜰에 심어 가꾸고, 절로 퍼져 자라기도 한다. 부드러운 잎은 쌈이나 무쳐 먹는다. 다른 나물과 데쳐서 무치기도 한다. 쓴 나물과 섞으면 맛이 잘 어우러진다. 잎과 꽃을 수놓아 꽃전도 부친다.

나물 할 때
봄

나물 하는 방법
잎 – 부드러운 잎을 뜯는다.
꽃 – 딴다.

추천 음식
잎 – 쌈, 생으로나 데쳐서 무침, 전
꽃 – 꽃전

나물 하기 좋은 때(4월 14일).

꽃 핀 모습(4월 18일).

어린잎(4월 1일).

순 나물 하기 좋은 때(4월 29일).

열매(9월 3일).

겨울 나는 뿌리잎(2월 11일).

꽃 핀 모습(8월 6일).

달맞이꽃 무침(6월 25일).

달맞이꽃

바늘꽃과 | 두해살이풀

크기 50~90cm
꽃 피는 때 7~8월
자라는 곳 들, 빈 터

잎은 줄기가 자라기 시작할 때 새순을 먹는다. 매운맛이 나서 데친 뒤 찬물에 우려내고 무친다. 가지가 갈라지면 곁가지도 데쳐서 무치거나, 묵나물로 먹는다. 꽃은 꽃자루째 따서 튀김을 한다. 끓는 물에 살짝 담갔다 건져서 초무침을 하거나, 매실 진액에 무쳐도 맛있다.

나물 할 때
순 – 봄~초여름
꽃 – 여름

나물 하는 방법
순 – 부드러운 순과 곁가지에 생긴 순을 뜯는다.
꽃 – 꽃자루째 딴다.

추천 음식
순 – 데쳐서 무침, 묵나물 볶음
꽃 – 튀김, 초무침, 매실 진액 무침

달맞이꽃 묵나물(8월 19일).

꽃(8월 3일).

달맞이꽃 튀김(8월 1일).

달맞이꽃 초무침(8월 6일).

나물 하기 좋은 때(3월 1일).

꽃 핀 모습(7월 1일).

순 나물 하기 좋은 때(5월 25일).

열매(6월 21일).

익은 열매(8월 28일).

사상자

산형과 | 두해살이풀

크기 30~70cm
꽃 피는 때 6~8월
자라는 곳 들, 낮은 산자락

꽃이 뱀의 침상 모양 같다고 사상자라는 이름이 붙었다. 뱀도랏이라고도 한다. 전체에 짧게 누운 털이 있다. 잎이 깃 모양으로 잘게 갈라진다. 어린잎과 순을 생으로나 데쳐서 쌈 싸 먹고, 간장이나 된장에 무치기도 한다. 열매를 사상자라 하여 소염제, 강장제 따위로 쓴다.

나물 할 때
겨울~이듬해 봄

나물 하는 방법
어린잎과 순을 뜯는다.

추천 음식
생으로나 데쳐서 쌈·무침

순 뜯은 나물(5월 30일).

뿌리잎 뜯은 나물(2월 3일).

들나물 259

고수

산형과 | 한해살이풀

크기 30~60cm
꽃 피는 때 6~7월
자라는 곳 밭

전체에서 독특한 냄새가 난다. 절에서 주로 심고, 남쪽에서는 겨울을 나기도 한다. 어린잎과 열매는 음식에 맛과 향을 내는 향미료로 쓴다. 생으로 쌈 싸 먹고, 무치기도 한다. 고기나 생선에 곁들이면 누린내나 비린내를 줄일 수 있다. 열매는 장에 찬 가스가 나오게 하는 약으로 쓴다.

나물 할 때
봄

나물 하는 방법
부드러운 잎을 뜯는다.

추천 음식
쌈, 무침, 향미료

나물 하기 좋은 때(4월 10일).

꽃 핀 모습(5월 22일).

자라는 모습(5월 9일).

생선구이에 곁들인 고수(7월 8일).

고수장아찌(6월 17일).

열매(5월 22일).

남쪽에서 겨울 나는 모습(2월 19일).

고수 뜯은 나물(4월 13일).

미나리

산형과 | 여러해살이풀

크기 80cm 정도
꽃 피는 때 7~8월
자라는 곳 논 가, 도랑 가, 묵은 논

절로 자라는 미나리를 돌미나리라고 한다. 돌미나리는 향이 진하고, 잎줄기 아래쪽에 자줏빛이 돈다. 연한 잎과 줄기는 쌈이나 초무침, 무침을 한다. 데쳐서 무쳐도 맛있다. 물김치에 넣고, 갈아서 즙을 내기도 한다. 생선 찌개에 넣으면 비린내가 나지 않으며, 부침개를 해도 향긋하고 맛있다.

나물 할 때
봄

나물 하는 방법
연한 잎과 줄기를 뜯는다.

추천 음식
쌈, 초무침, 생으로나 데쳐서 무침, 물김치, 즙, 생선 찌개 양념, 부침개

나물 하기 좋은 때(4월 30일).

꽃 핀 모습(8월 10일).

뜯은 나물(4월 1일).

미나리 초고추장 무침(5월 13일).

까치수염(까치수영)

앵초과 | 여러해살이풀

크기 50~100cm
꽃 피는 때 6~8월
자라는 곳 축축한 풀밭

까치수영, 개꼬리풀, 꽃꼬리풀이라고도 한다. 부드러운 잎과 어린순을 데쳐서 찬물에 우려내고 무치면 신맛이 엷어진다. 생으로 쌈을 싸 먹고, 총총 썰어 비빔밥에 넣기도 한다. 무친 나물로 된장국을 끓여도 맛있다. 신맛이 나서 목이 마를 때 한 잎 씹으면 입에 침이 고인다.

나물 할 때
봄

나물 하는 방법
부드러운 잎과 어린순을 뜯는다.

추천 음식
쌈, 비빔밥, 데쳐서 무침, 된장국

나물 하기 좋은 때(4월 23일).

꽃 핀 모습(6월 4일).

자란 모습(5월 9일).

갸름하고 털이 난 잎(6월 27일).

꽃마리

지치과 | 두해살이풀

크기 10~30cm
꽃 피는 때 3~6월
자라는 곳 밭 가, 길가, 빈 터

꽃이 필 때 꽃차례가 돌돌 말려서 꽃말이라고 하다가 꽃마리가 되었다. 꽃 방석 모양 뿌리잎이 겨울을 난다. 부드러운 순을 데쳐서 된장국을 끓인다. 멸치와 다시마로 국물을 내고 된장을 살짝 푼 다음 들깨 가루를 넣으면 맛있다. 데쳐서 참기름이나 들기름을 넣고 무치거나 볶기도 한다.

나물 할 때
봄

나물 하는 방법
부드러운 순을 뜯는다.

추천 음식
데쳐서 된장국 · 무침 · 볶음

나물 하기 좋은 때(4월 14일).

꽃(4월 5일).

뿌리잎(3월 29일).

뜯은 나물(4월 14일).

메꽃 나물 하기 좋은 때(5월 7일).

애기메꽃 꽃 핀 모습(5월 30일).

메꽃 뿌리줄기(5월 9일).

메꽃 뜯은 나물(5월 18일).

메꽃 멸치볶음(5월 18일).

메꽃 뿌리줄기 가을 모습(9월 30일).

메꽃 뿌리줄기 밥(10월 3일).

메꽃 ⊃ 애기메꽃

메꽃과 | 여러해살이풀

크기 200cm 정도
꽃 피는 때 6~8월
자라는 곳 들, 빈 터

나팔꽃처럼 생겼고, 분홍빛 꽃이 핀다. 잎은 방패 모양이다. 메꽃 뿌리줄기를 메라고 하여 시루떡이나 밥 지을 때 넣고, 구워 먹기도 한다. 생으로 먹거나, 밀가루를 묻혀 튀김도 한다. 어린순은 데쳐서 무치거나 볶는다. 많이 먹으면 현기증이 나거나 설사를 할 수 있으니 조심한다. 애기메꽃도 같은 방법으로 먹는다.

나물 할 때
어린순 – 봄
뿌리줄기 – 가을

나물 하는 방법
어린순 – 뜯는다.
뿌리줄기 – 캔다.

추천 음식
어린순 – 데쳐서 무치거나 볶음
뿌리줄기 – 떡이나 밥에 넣기,
　　　　　생으로나 구워 먹기, 튀김

들나물

배초향(방아)

꿀풀과 | 여러해살이풀

크기 40~150cm
꽃 피는 때 7~9월
자라는 곳 산과 들의 양지쪽

방아라고도 한다. 독특한 향이 나서 추어탕에 넣거나, 잘게 썰어 부추와 부침개를 해도 맛있다. 남쪽 지방에서는 장독대나 텃밭, 집 둘레에 흔히 심어 가꾼다. 부드러운 잎은 나물로도 먹지만, 생선 찌개나 탕, 찜에 넣어 비린 맛을 없앤다. 꽃이 피어도 연한 잎은 먹을 수 있다.

나물 할 때
봄~여름

나물 하는 방법
부드러운 잎을 뜯는다.

추천 음식
추어탕, 생선 찌개·탕·찜의 양념, 부침개

나물 하기 좋은 때(5월 23일).

꽃 핀 모습(7월 29일).

이 때도 나물 할 수 있다(7월 13일).

뜯은 나물(4월 21일).

배초향 넣은 붕어찜(8월 28일).

석잠풀

꿀풀과 | 여러해살이풀

크기 30~60cm
꽃 피는 때 5월 말~8월
자라는 곳 논두렁, 축축한 풀밭

꽃이 층층으로 돌려나면서 핀다. 줄기는 곧게 서고 네모나다. 잎은 마주나고, 위로 올라갈수록 작아진다. 논두렁이나 축축한 곳에서 자란다. 어린순을 데쳐서 된장이나 간장에 무친다. 다른 나물과 섞어 먹거나, 된장국을 끓여도 맛있다. 농약을 치지 않고 깨끗한 곳에서 뜯는다.

나물 할 때
봄

나물 하는 방법
어린순을 뜯는다.

추천 음식
데쳐서 무침, 된장국

나물 하기 좋은 때(5월 9일).

꽃 핀 모습(6월 8일).

자란 모습(5월 26일).

뜯은 나물(5월 1일).

들나물 267

광대나물

꿀풀과 | 한두해살이풀

크기 10~30cm
꽃 피는 때 3~6월
자라는 곳 텃밭, 집 둘레, 길가

꽃이 광대가 분장을 한 것 같고, 나물로 먹어서 광대나물이다. 코딱지나물, 광주리나물, 목걸레나물이라고도 한다. 연한 순을 데쳐서 무치거나 된장국을 끓인다. 맵고 쓴맛을 우려내고 먹어야 맛있다. 생으로 비빔밥에 넣거나 겉절이를 하기도 한다. 많이 먹으면 구토와 설사가 날 수 있으니 조심한다.

나물 할 때
겨울~이듬해 봄

나물 하는 방법
연한 순을 뜯는다.

추천 음식
데쳐서 무침, 된장국, 비빔밥, 겉절이

나물 하기 좋은 때(2월 28일).

무리지어 꽃 핀 모습(4월 1일).

뜯은 나물(4월 1일).

꽃에 무늬가 있거나 없다(4월 5일).

나물 하기 좋은 때(8월 6일).

소엽(차조기, 차즈기)

꿀풀과 | 한해살이풀

크기 20~80cm
꽃 피는 때 8~9월
자라는 곳 들, 빈 터

차조기, 차즈기라고도 한다. 들깨와 닮았는데, 전체에서 자줏빛이 돌고 향이 짙다. 어린잎을 쌈으로 먹고, 송송 썰어 비빔밥에 넣기도 한다. 간장이나 된장에 박아 장아찌를 담가도 맛있다. 튀김이나 부각도 한다. 열매는 익기 전에 꽃차례를 뜯어 장아찌를 담거나 튀김을 한다.

나물 할 때
잎-봄~여름
열매-가을

나물 하는 방법
잎-부드러운 잎을 뜯는다.
열매-익기 전에 꽃차례를 뜯는다.

추천 음식
잎-쌈, 비빔밥, 장아찌, 튀김, 부각
열매-장아찌, 튀김

꽃차례(9월 23일).

이 때도 나물 하기 좋다(8월 13일).

뜯은 나물(8월 6일).

장아찌나 튀김 할 열매(9월 25일).

소엽 비빔밥. 소화가 잘 된다(8월 18일).

나물 하기 좋은 때(4월 16일).

꽃 핀 모습(5월 8일).

어린 모습(5월 8일).

물칭개나물

현삼과 | 한두해살이풀

크기 30~60cm
꽃 피는 때 4월 말~6월
자라는 곳 논, 개울가

물가에 자라는 나물이라고 물칭개나물이다. 물칭개꼬리풀이라고도 한다. 꽃잎 넉 장으로 보이는 꽃은 통꽃이라 질 때 통째로 떨어진다. 싹은 흔히 가을에 나서 떨기를 이루며 겨울을 나고, 봄에 줄기를 세워 자란다. 어릴 때는 잎에 자줏빛이 돈다. 어린순을 데쳐서 쓴맛을 우려 내고 무쳐 먹는다.

나물 할 때
봄

나물 하는 방법
어린순을 뜯는다.

추천 음식
데쳐서 무침

물가에 무리지어 자라는 모습(4월 16일).

전체 모습(5월 8일).

열매(6월 8일).

떨어진 꽃(5월 9일).

나물 하기 좋은 때(4월 5일).

꽃 핀 모습(8월 30일).

뜯은 나물(4월 5일).

자라는 모습(6월 26일).

질경이 볶음(4월 5일).

질경이

질경이과 | 여러해살이풀

크기 10~50cm
꽃 피는 때 5월 말~8월
자라는 곳 길가, 빈 터

차전초, 빼뿌쟁이, 뺍쟁이라고도 한다. 어린 싹과 부드러운 잎을 데쳐서 기름에 볶거나, 된장이나 간장에 무쳐 먹고, 쌈으로 먹기도 한다. 국을 끓이거나, 튀김을 하거나, 묵나물을 넣고 밥을 짓기도 한다. 데쳐서 꾸들꾸들하게 말린 뒤 고추장이나 된장에 박아 장아찌를 만들어도 맛있다.

나물 할 때
봄~여름

나물 하는 방법
어린 싹 밑동을 자르고, 부드러운 잎을 뜯는다.

추천 음식
데쳐서 볶음·무침·쌈, 국, 튀김,
나물밥, 장아찌

뜯은 나물(7월 3일).

질경이 튀김(7월 1일).

질경이 묵나물(5월 31일).

질경이 밥(7월 17일).

떡쑥(개쑥, 기쑥)

국화과 | 두해살이풀

크기 15~40cm
꽃 피는 때 4~6월
자라는 곳 길가, 밭둑, 빈 터

개쑥, 기숙이라고도 한다. 주걱 모양 잎은 솜을 뒤집어쓴 것 같은데, 찢어 보면 섬유소가 솜털처럼 늘어진다. 이것 때문에 떡을 하면 쑥보다 차지고 맛있다. 어린순을 데쳐서 떡을 하면 특유의 향이 난다. 쑥처럼 데친 걸 얼렸다가 떡을 하기도 한다. 쑥이랑 섞어서 떡을 해도 된다.

나물 할 때
봄

나물 하는 방법
어린순을 뜯는다.

추천 음식
떡

떡 해 먹기 좋은 때(3월 3일).

꽃 핀 모습(5월 18일).

자란 모습(4월 5일).

떡쑥 떡(3월 31일).

뜯은 나물(3월 23일).

섬유소가 많은 잎(4월 5일).

금불초

국화과 | 여러해살이풀

크기 20~60cm
꽃 피는 때 7~9월
자라는 곳 산과 들의 풀밭

금불초는 금 부처 꽃이라는 뜻이다. 노란 꽃이 무더기로 핀 것을 보고 금불상을 떠올린 듯하다. 금화 같다고 금전화라는 별명도 있다. 싹이 날 때 털이 보송보송하다. 부드러운 잎을 데쳐서 우려내고 간장이나 된장에 무치고, 된장국을 끓인다. 같은 때 나는 다른 나물과 무치면 맛이 잘 어우러진다.

나물 할 때
봄

나물 하는 방법
부드러운 잎을 뜯는다.

추천 음식
데쳐서 무침, 된장국

나물 하기 좋은 때(4월 8일).

꽃 핀 모습(8월 13일).

싹 나는 모습(4월 8일).

자란 잎(8월 1일).

뜯은 나물(4월 25일).

금불초 나물(4월 26일).

나물 하기 좋은 때(4월 1일).

꽃 핀 모습(9월 30일).

이 때도 나물 하기 좋다(4월 18일).

싹 나는 모습(3월 4일).

뜯은 나물(4월 18일).

쑥부쟁이
(부지깽이나물)

국화과 | 여러해살이풀

크기 30~100cm
꽃 피는 때 7~10월
자라는 곳 산과 들의 축축한 곳

부지깽이나물이라고도 한다. 들국화라고 하는 꽃 가운데 하나다. 어린순을 데쳐서 된장이나 간장에 무쳐 먹는데, 쑥부쟁이만 먹어도 맛있고, 다른 나물과 섞어도 좋다. 데쳐서 된장국을 끓이거나, 묵나물로 먹기도 한다. 생으로나 묵나물로 쑥부쟁이 밥을 짓기도 한다.

나물 할 때
봄

나물 하는 방법
어린순을 뜯는다.

추천 음식
데쳐서 무침 · 된장국, 묵나물 볶음, 나물밥

쑥부쟁이 묵나물 볶음(8월 24일).

쑥부쟁이 밥(4월 29일).

잎 나물 하기 좋은 때(3월 29일).

꽃 핀 모습(9월 23일).

싹(3월 23일).

가을 잎(10월 26일).

개쑥부쟁이

국화과 | 여러해살이풀

크기 30~100cm
꽃 피는 때 7~10월
자라는 곳 산, 들

들국화라고 하는 꽃 가운데 하나다. 봄에 어린 잎을 뜯어 다른 나물과 같이 데쳐서 간장이나 된장에 무치거나 볶는다. 개망초를 닮은 뿌리 잎을 생으로나 말렸다가 개쑥부쟁이 밥을 지어도 좋다. 국도 끓이고, 잡채에 넣어도 맛있다. 줄기가 자라기 시작했을 때 새순도 같은 방법으로 먹는다.

나물 할 때

잎 – 봄
순 – 여름

나물 하는 방법

어린잎과 새순을 뜯는다.

추천 음식

데쳐서 무침·볶음, 국, 나물밥, 잡채

순 올라오는 모습(4월 22일).

자란 모습(6월 17일).

잎 뜯은 나물(4월 29일).

개쑥부쟁이 잡채(4월 7일).

나물 하기 좋은 때(3월 30일).

꽃 핀 모습(10월 1일).

초가을 모습(9월 16일).

미국쑥부쟁이

국화과 | 여러해살이풀

크기 30~100cm
꽃 피는 때 9~10월
자라는 곳 길가, 빈 터

쑥부쟁이 종류는 흔히 연보랏빛 꽃이 피는데, 미국쑥부쟁이는 흰 꽃이 핀다. 고향이 북아메리카로, 고속도로나 빈 터 여기저기에 빠르게 퍼져 자란다. 꽃은 쑥부쟁이보다 작고, 언뜻 보면 개망초를 더 닮았다. 뿌리잎이나 순을 데쳐서 된장이나 간장에 무쳐 먹는다. 잡채를 하거나, 된장국도 끓여 먹는다.

나물 할 때
봄

나물 하는 방법
뿌리잎과 부드러운 순을 뜯는다.

추천 음식
데쳐서 무침, 잡채, 된장국

뿌리잎(9월 14일).

이 때도 나물 하기 좋다(5월 16일).

뜯은 나물(4월 2일).

뚱딴지(돼지감자)

국화과 | 여러해살이풀

크기 150~300cm
꽃 피는 때 8~10월
자라는 곳 마을 둘레, 밭둑, 빈 터

감자가 아닌데 뚱딴지같이 덩이 모양 뿌리줄기가 달린다고 뚱딴지다. 돼지 같은 집짐승 먹이로 써서 돼지감자라고도 한다. 어린잎은 해바라기를 닮았다. 감자 같은 뿌리줄기 껍질을 벗기고 생으로 샐러드를 만들거나, 익혀서 먹기도 한다. 간장에 조리거나, 된장에 박아 장아찌를 만든다.

나물 할 때
가을

나물 하는 방법
뿌리줄기를 캔다.

추천 음식
샐러드, 조림, 장아찌

덩이 모양 뿌리줄기(9월 25일).

꽃 핀 모습(9월 23일).

뚱딴지 장아찌(10월 31일).

자란 잎(8월 6일).

싹(5월 9일).

벌개미취

국화과 | 여러해살이풀

크기 50~90cm
꽃 피는 때 6~10월
자라는 곳 산과 들의 축축한 곳

짙은 녹색 잎은 갸름하고 털이 없다. 꽃이 쑥부쟁이나 개쑥부쟁이와 많이 닮았는데, 더 짙은 보랏빛이다. 연한 잎을 데쳐서 무치거나 볶는다. 묵나물로 먹기도 한다. 같은 때 나는 다른 나물과 섞어 무치면 맛이 잘 어우러진다. 꽃을 보려고 심어 가꾸기도 한다.

나물 할 때
봄

나물 하는 방법
연한 잎을 뜯는다.

추천 음식
데쳐서 무치기나 볶음, 묵나물 볶음

나물 하기 좋은 때(3월 30일).

꽃 핀 전체 모습(7월 6일).

무리지어 꽃 핀 모습(8월 12일).

이 때도 나물 하기 좋다(4월 1일).

뜯은 나물(4월 14일).

들나물

개망초 나물 하기 좋은 때(4월 14일).

개망초 꽃 핀 모습(5월 23일).

주걱개망초 나물 하기 좋은 때(3월 21일).

주걱개망초. 이 때도 나물 하기 좋다(4월 19일).

개망초⊃주걱개망초

국화과 | 두해살이풀

크기 30~100cm
꽃 피는 때 5~9월
자라는 곳 들

달걀꽃이라고도 한다. 뿌리잎을 다른 나물과 데쳐서 무치거나 볶고, 된장국을 끓이기도 한다. 묵나물로 먹고, 시금치 대신 잡채에 넣거나, 튀김도 한다. 꽃봉오리는 벌어지기 전에 튀김을 해 먹는다. 순이 올라오기 시작했을 때 먹어도 된다. 주걱개망초도 같은 방법으로 먹는다.

나물 할 때
겨울~이듬해 봄

나물 하는 방법
잎 – 뿌리잎과 순을 뜯는다.
꽃 – 꽃봉오리를 뜯는다.

추천 음식
잎 – 데쳐서 무치거나 볶음, 된장국,
　　묵나물 볶음, 잡채, 튀김
꽃 – 튀김

개망초 뿌리잎. 이 때도 나물 하기 좋다(2월 6일).

개망초 뜯은 나물(4월 25일).

개망초 무침(4월 25일).

개망초 잡채(3월 31일).

나물 하기 좋은 때(5월 13일).

전체 모습(8월 23일).

매운맛이 나지만, 이 때도 나물 하기 좋다(2월 23일).

망초

국화과 | 두해살이풀

크기 50~150cm
꽃 피는 때 7~9월
자라는 곳 들, 빈 터

밭에 자라면 농사가 망한다고 망초다. 뿌리잎을 데쳐서 매운맛을 우려내고 무치거나 볶는다. 새순이 올라오기 시작했을 때 무치거나 볶으면 매운맛이 덜하고 맛있다. 된장국을 끓이거나 묵나물로도 먹는다. 시금치 대신 잡채에 넣거나, 튀김도 한다.

나물 할 때
잎 – 겨울~이듬해 봄
순 – 봄~초여름

나물 하는 방법
뿌리잎과 순을 뜯는다.

추천 음식
데쳐서 무치거나 볶음, 된장국, 묵나물 볶음, 잡채, 튀김

순 뜯은 나물(6월 29일).

망초 순 무침(7월 9일).

망초 순 잡채(7월 8일).

큰망초

국화과 | 두해살이풀

크기 80~180cm
꽃 피는 때 7~9월
자라는 곳 들, 빈 터

망초보다 커서 큰망초다. 뿌리잎을 데쳐서 우려내고 먹는다. 새순이 올라오기 시작할 때도 데쳐서 무치거나 볶는다. 된장국을 끓이거나 튀김도 하고, 묵나물로 먹기도 한다. 시금치 대신 잡채에 넣어도 좋다.

나물 할 때
겨울~이듬해 봄

나물 하는 방법
뿌리잎과 순을 뜯는다.

추천 음식
데쳐서 무치거나 볶음, 된장국, 튀김, 묵나물 볶음, 잡채

나물 하기 좋은 때(2월 21일).

꽃 핀 모습(9월 1일).

큰망초 나물(3월 9일).

뜯은 나물(3월 9일).

뿌리잎. 이 때도 나물 하기 좋다(12월 14일).

비름

비름과 | 한해살이풀

크기 100cm 정도
꽃 피는 때 7월
자라는 곳 집 근처, 밭, 빈 터

참비름이라고도 한다. 매끄러운 줄기에 잎자루가 긴 잎이 어긋나게 달린다. 어린순을 데쳐서 된장이나 간장, 고추장을 넣고 무친다. 초고추장에 새콤달콤하게 무치거나, 들기름에 볶아도 맛있다. 심어 가꾸기도 하는데, 순을 따면 옆에 새순이 또 자라서 오래 먹을 수 있다.

나물 할 때
봄~여름

나물 하는 방법
어린순을 뜯는다.

추천 음식
데쳐서 무치거나 볶음

나물 하기 좋은 때(6월 5일).

자라는 모습(9월 3일).

꽃 핀 모습(7월 3일).

뜯은 나물(6월 9일).

비름 나물(6월 14일).

어린잎 나물 하기 좋은 때(3월 14일).

꽃(3월 14일).

잎자루 나물 하기 좋은 때(6월 4일).

어린잎 뜯은 나물(3월 30일).

머위(머구)

국화과 | 여러해살이풀

크기 10~60cm
꽃 피는 때 3~4월
자라는 곳 산과 들의 축축한 곳

머구, 머굿대라고도 한다. 어린잎을 잎자루째 데쳐서 무치거나 쌈으로 먹는다. 자라면 잎자루 껍질을 벗기고 삶은 다음 초고추장에 무치거나 볶는다. 들깨 가루를 넣어 만든 찜도 별미다. 벗긴 껍질은 고추장에 박아 장아찌를 담고, 꽃봉오리는 데쳐서 무치거나 튀김을 한다.

나물 할 때
봄~여름

나물 하는 방법
잎 – 연한 잎을 잎자루째 뜯는다.
꽃 – 피기 전에 꽃봉오리째 뜯는다.

추천 음식
잎 – 데쳐서 쌈·무침·볶음, 들깨찜
잎자루 껍질 – 장아찌
꽃 – 데쳐서 무침, 튀김

머위 들깨찜(5월 17일).

장아찌 담을 잎자루 껍질(4월 16일).

머위 껍질 장아찌(5월 18일).

나물 하기 좋은 때(4월 2일).

자란 모습(6월 15일).

초가을 모습(9월 3일).

쑥

국화과 | 여러해살이풀

크기 60~120cm
꽃 피는 때 7~10월
자라는 곳 산과 들의 풀밭

국 끓이기 좋은 쑥(3월 2일).

쑥쑥 잘 자라서 쑥이다. 잎 뒤에 하얀 털이 빽빽하다. 어릴 때는 쑥국을 끓이고, 자라면 쑥털털이(쑥버무리)를 하고, 더 자라면 인절미나 절편, 송편 등을 해 먹는다. 데쳐서 쑥 밥을 지어도 맛있다. 단오가 지나면 쓴맛이 나서 잘 먹지 않는다. 잎이나 꽃을 말려 차도 만든다.

쑥털털이(4월 3일).

나물 할 때
봄~초여름

나물 하는 방법
어린순을 칼로 자르거나 뜯는다.

추천 음식
국, 쑥털털이, 인절미, 절편, 송편, 나물밥, 차

쑥설기(4월 15일).

쑥절편(5월 10일).

들나물 293

나물 하기 좋은 때(4월 16일).

자란 모습(6월 8일).

꽃 핀 모습(9월 8일).

물쑥

국화과 | 여러해살이풀

크기 120cm 정도
꽃 피는 때 8~9월
자라는 곳 냇가 축축한 곳

쑥인데 물가에 자라서 물쑥이다. 뿌리를 소금물에 데쳐 초고추장이나 고춧가루를 넣고 무친다. 참기름에 살짝 볶아 고추장, 된장, 통깨를 넣고 조물조물 무쳐도 맛있다. 장아찌를 담고, 탕평채에 넣기도 한다. 부드러운 줄기를 데쳐서 볶거나, 초고추장에 무쳐도 맛있다.

나물 할 때
봄

나물 하는 방법
뿌리 – 캔다.
줄기 – 부드러운 줄기를 뜯어 잎은 떼어 낸다.

추천 음식
뿌리 – 데쳐서 무침, 볶음, 장아찌, 탕평채
줄기 – 데쳐서 볶거나 무침

뜯은 줄기. 잎은 떼고 줄기만 나물 한대(4월 16일).

잎 떼어 낸 줄기(4월 16일).

뿌리(4월 18일).

물쑥 뿌리 초고추장 무침(4월 18일).

겹삼잎국화
(키다리노랑꽃)

국화과 | 여러해살이풀

크기 150~200cm
꽃 피는 때 7~8월
자라는 곳 집 둘레

삼잎국화를 닮았고, 꽃이 겹으로 핀다고 겹삼잎국화다. 노란 꽃이 피고 키가 커서 키다리노랑꽃이라는 별명도 있다. 잎이 새 깃 모양으로 갈라지고, 위로 올라갈수록 덜 갈라진다. 부드러운 잎과 순으로 부침개를 하면 맛있다. 데쳐서 무치거나 초고추장에 찍어 먹는다. 털이 없어서 부드럽다.

나물 할 때
봄

나물 하는 방법
부드러운 잎과 순을 뜯는다.

추천 음식
부침개, 데쳐서 무치거나 초고추장 찍어 먹기

나물 하기 좋은 때(4월 26일).

꽃 핀 모습(7월 26일).

겹삼잎국화 초고추장 무침(5월 6일).

뜯은 나물(5월 6일).

자란 잎(5월 9일).

도깨비바늘⌐
털도깨비바늘

국화과 | 한해살이풀

크기 30~100cm
꽃 피는 때 8~10월
자라는 곳 산과 들의 빈 터

열매가 바늘을 닮았고, 도깨비처럼 몰래 붙어 씨를 퍼뜨린다고 도깨비바늘이다. 가을에 산이나 들에 다니다 보면 바늘같이 생긴 열매가 옷에 붙기도 한다. 봄에 어린순을 데쳐 쓴맛을 우려내고 고추장이나 된장, 간장에 무쳐 먹는다. 된장국을 끓여도 맛있다. 즙은 벌레나 뱀에 물린 데 바르는 약으로 쓴다.

나물 할 때
늦봄~여름

나물 하는 방법
어린순과 부드러운 잎을 뜯는다.

추천 음식
데쳐서 무침, 된장국

도깨비바늘 나물 하기 좋은 때(5월 23일).

도깨비바늘 꽃 핀 모습(8월 23일).

도깨비바늘 종류 열매(10월 3일).

털도깨비바늘 나물 하기 좋은 때(7월 13일).

들나물

가막사리 나물 하기 좋은 때(8월 20일).

가막사리 꽃 핀 모습(9월 23일).

미국가막사리 나물 하기 좋은 때(6월 29일).

미국가막사리 꽃 핀 모습(9월 20일).

가막사리 ⊃
미국가막사리

국화과 | 한해살이풀

크기 20~150cm
꽃 피는 때 8~10월
자라는 곳 습지

미국 가막사리 열매(11월 21일).

열매가 익으면 도깨비바늘처럼 둥글게 벌어진다. 씨 끝에 미늘처럼 거꾸로 된 가시가 있어 사람 옷이나 동물 털에 잘 붙는다. 독특한 향이 나는 부드러운 잎과 연한 순을 생으로 무치거나 쌈으로 먹는다. 데쳐서 간장이나 된장, 고추장, 초고추장에 무치고, 묵나물도 만든다. 미국가막사리도 같은 방법으로 먹는다.

미국가막사리 뜯은 나물(8월 29일).

나물 할 때
봄~초가을

나물 하는 방법
부드러운 잎과 연한 순을 뜯는다.

추천 음식
쌈, 생으로나 데쳐서 무침, 묵나물 볶음

미국가막사리 무침(9월 1일).

미국가막사리 쌈(8월 29일).

조뱅이(조바리, 조빼이)

국화과 | 두해살이풀

크기 25~50cm
꽃 피는 때 5~8월
자라는 곳 들의 빈 터, 밭 가

나물 하기 좋은 때(3월 4일).

조바리, 조빼이라고도 한다. 엉겅퀴보다 작은 꽃이 봄부터 오래도록 핀다. 잎 가장자리에 불규칙한 톱니가 있고, 잎과 줄기에 하얀 털이 빽빽하다. 어린순을 데쳐서 된장이나 간장, 고추장에 무치고, 된장국을 끓인다. 데친 나물을 된장에 찍어 먹어도 맛있다. 전체를 감기나 토혈, 지혈 따위에 약으로 쓴다.

꽃 핀 모습(5월 21일).

나물 할 때
봄

나물 하는 방법
어린순을 뜯는다.

추천 음식
데쳐서 무치거나 된장 찍어 먹기, 된장국

부드러운 순도 나물 하기 좋다(4월 12일).

조뱅이 무침(4월 6일).

뜯은 나물(3월 15일).

자란 모습(5월 9일).

쇠서나물

국화과 | 두해살이풀

크기 90cm 정도
꽃 피는 때 6~10월
자라는 곳 산과 들의 풀밭

거센 털이 있는 잎이 소의 혀처럼 거칠다고 소혀 나물이란 뜻으로 쇠서나물이라 한다. 어릴 때는 털이 있어도 보드라워서 먹을 수 있다. 순은 꽃자루가 나오기 시작할 무렵에 뜯어 다른 나물과 같이 데쳐서 무친다. 쇠서나물만 먹어도 맛있다. 뿌리잎은 봄에 데쳐서 무치거나 튀김을 한다.

나물 할 때
뿌리잎 - 봄
순 - 봄~여름

나물 하는 방법
뿌리잎과 순을 뜯는다.

추천 음식
데쳐서 무침, 튀김

순 나물 하기 좋은 때(3월 23일).

꽃 핀 전체 모습(8월 24일).

열매 맺는 모습(8월 29일).

자란 모습(6월 13일).

줄기잎(8월 24일).

나물 하기 좋은 때(3월 25일).

꽃 핀 모습(5월 23일).

겨울 난 뿌리잎(3월 1일).

지칭개

국화과 | 두해살이풀

크기 60~80cm
꽃 피는 때 5~7월
자라는 곳 들

잎과 줄기에 분을 바른 듯 하얀 솜털이 빽빽하다. 뿌리잎은 땅바닥에 붙어서 겨울을 난다. 엉겅퀴 닮은 꽃이 피는데, 작고 잎에 가시도 없다. 어린잎을 데쳐서 무치거나 된장국을 끓인다. 쓴맛이 무척 강해 한참 우려내고 먹어야 한다. 쓰지 않은 나물과 섞으면 맛이 잘 어울린다.

나물 할 때
봄

나물 하는 방법
어린잎을 뜯는다.

추천 음식
데쳐서 무침, 된장국

자란 모습(4월 14일).

바람에 날아가는 씨(5월 23일).

뜯은 나물(4월 12일).

데쳐서 쓴맛 우려내기(4월 9일).

민들레 나물 하기 좋은 때(3월 13일).

서양민들레 열매(5월 15일).

서양민들레 전체 모습(4월 22일).

흰민들레 전체 모습(4월 15일).

흰민들레 나물 하기 좋은 때(4월 15일).

흰민들레 쌈(8월 25일).

흰민들레 초고추장 무침(8월 26일).

민들레 무침(5월 15일).

서양민들레 김치(4월 25일).

민들레 장아찌(6월 4일).

민들레ㄱ
서양민들레, 흰민들레

국화과 | 여러해살이풀

크기 30cm 정도
꽃 피는 때 4~6월
자라는 곳 양지쪽 풀밭

부드러운 잎으로 쌈이나 무침을 하고, 장아찌와 김치도 담근다. 데쳐서 무치기도 한다. 뿌리째 캐서 즙을 마시거나, 튀김을 해도 좋다. 꽃은 식초를 넣은 물에 데쳐서 새콤달콤하게 무치거나, 매실 진액에 무쳐도 맛있다. 서양민들레와 흰민들레도 같은 방법으로 먹는다.

나물 할 때
봄~여름

나물 하는 방법
잎-뜯는다.
전체-뿌리째 캔다.
꽃-꽃째로 딴다.

추천 음식
잎-쌈, 생으로나 데쳐서 무침, 장아찌, 김치
전체-즙, 김치, 장아찌
뿌리-즙, 튀김
꽃-데쳐서 초무침이나 매실 진액에 무침

들나물

씀바귀 나물 하기 좋은 때(4월 6일).

씀바귀 꽃 핀 모습(5월 18일).

흰씀바귀 꽃(5월 30일).

씀바귀(씬내이)
흰씀바귀

국화과 | 여러해살이풀

크기 25~50cm
꽃 피는 때 5~7월
자라는 곳 산과 들의 풀밭

쓴맛 때문에 쓴나물, 씬나물, 씬내이, 씀배나물 이라고도 한다. 잎과 어린순은 무치거나 쌈으로 먹고, 김치를 담근다. 데쳐서 고추장이나 초고추장에 무치고, 뿌리째 캐서 장아찌를 담기도 한다. 뿌리만 데쳐서 무쳐도 맛있다. 즙을 내기도 한다. 입맛을 돋워 봄나물로 즐겨 먹는다. 흰씀바귀도 같은 방법으로 먹는다.

나물 할 때
봄

나물 하는 방법
잎 - 잎이나 어린순을 뜯는다.
전체 - 뿌리째 캔다.

추천 음식
잎과 어린순 - 쌈, 생으로나 데쳐서 무침, 김치
전체 - 장아찌, 즙
뿌리 - 데쳐서 무침, 즙, 장아찌

흰씀바귀 나물 하기 좋은 때(4월 21일).

흰씀바귀. 이 때도 나물 하기 좋다(5월 21일).

씀바귀 뜯은 나물(4월 25일).

씀바귀 무침(5월 2일).

노랑선씀바귀

국화과 | 여러해살이풀

크기 20~50cm
꽃 피는 때 5월
자라는 곳 들, 빈 터

선씀바귀를 닮았는데, 노란 꽃이 핀다고 노랑선씀바귀다. 다른 씀바귀처럼 잎과 어린순을 생으로 쌈 싸 먹거나 무친다. 데쳐서 무치기도 한다. 뿌리째 캐서 무치거나, 김치와 장아찌를 담기도 한다. 쓰지 않은 나물과 섞어 먹으면 맛이 잘 어우러진다. 즙을 내어 먹기도 한다.

나물 할 때
봄

나물 하는 방법
잎 – 잎과 어린순을 뜯는다.
전체 – 뿌리째 캔다.

추천 음식
잎 – 쌈, 생으로나 데쳐서 무침
전체 – 무침, 김치, 장아찌, 즙

나물 하기 좋은 때(5월 3일).

꽃 핀 모습(5월 16일).

노랑선씀바귀 무침(5월 9일).

노랑선씀바귀 쌈(3월 25일).

나물 하기 좋은 때(5월 12일).

꽃 핀 모습(5월 11일).

벋음씀바귀

국화과 | 여러해살이풀

크기 10~35cm
꽃 피는 때 5~7월
자라는 곳 논두렁, 축축한 풀밭

뿌리줄기가 옆으로 벋으며 자라서 벋음씀바귀다. 잎이 주걱 모양이고, 조금 축축한 곳을 좋아한다. 잎과 줄기를 뜯으면 흰 즙이 나오는데, 맛이 아주 쓰다. 어린잎과 뿌리를 생으로 쌈이나 무쳐서 먹고, 데쳐서 무치기도 한다. 김치도 담근다. 쓴맛이 싫으면 우려내고 먹는다.

나물 할 때
봄

나물 하는 방법
어린잎을 뜯거나 뿌리째 캔다.

추천 음식
쌈, 생으로나 데쳐서 무침, 김치

꽃이 진 뒤의 모습(5월 29일).

벋음씀바귀 쌈(5월 3일).

겨울 나는 모습(12월 10일).

들나물 309

나물 하기 좋은 때(3월 3일).

꽃 핀 모습(4월 20일).

이 때도 나물 하기 좋다(3월 18일).

꽃대 올라온 모습(4월 18일).

겨울에 캔 나물(2월 11일).

봄에 캔 나물(3월 2일).

벌씀바귀 무침(3월 2일).

벌씀바귀

국화과 | 두해살이풀

크기 15~40cm
꽃 피는 때 4~7월
자라는 곳 들

씀바귀 종류를 흔히 쓴나물, 씬내이라고 한다. 들이나 논밭, 밭둑에서 흔히 자라며, 쓴맛이 입맛을 돋운다. 냉이를 캘 무렵 뿌리째 캐서 생으로 무치거나, 데쳐서 고추장이나 초고추장에 무친다. 김치나 장아찌를 담고, 즙을 마시기도 한다. 쓴맛이 싫으면 우려내고 먹는다.

나물 할 때
겨울~이듬해 봄

나물 하는 방법
뿌리째 캔다.

추천 음식
생으로나 데쳐서 무침, 김치, 장아찌, 즙

좀씀바귀

국화과 | 여러해살이풀

크기 8~15cm
꽃 피는 때 5~6월
자라는 곳 산과 들의 풀밭

씀바귀 종류 가운데 작다고 좀씀바귀다. 다른 씀바귀처럼 잎과 줄기를 자르면 흰 즙이 나온다. 잎과 줄기를 생으로 쌈이나 무쳐서 먹는다. 데쳐서 무치기도 하는데, 쓴맛이 싫으면 우려내고 먹는다. 다른 나물과 같이 먹으면 쓴맛이 덜 느껴지고, 맛도 잘 어울린다.

나물 할 때
봄~여름

나물 하는 방법
잎과 줄기를 뜯는다.

추천 음식
쌈, 생으로나 데쳐서 무침

나물 하기 좋은 때(4월 11일).

바위 틈에 무리지어 꽃 핀 모습(5월 13일).

가끔 가을에 꽃 핀 모습이 보이기도 한다(9월 30일).

나물 하기 좋은 때(3월 1일).

사데풀

국화과 | 여러해살이풀

크기 30~100cm
꽃 피는 때 8~10월
자라는 곳 바닷가, 양지쪽 풀밭

강원도에서는 사쿠리나물이라 한다. 뿌리잎과 어린순을 초고추장에 무치거나, 고춧가루와 양념을 넣고 무치기도 한다. 무친 나물을 보리밥이나 비빔밥에 넣으면 아삭아삭한 게 맛있다. 쓴맛을 싫어하는 사람은 줄기 아래쪽을 두드려 쓴맛을 빼고 먹는다. 데쳐서 무쳐도 맛있다.

나물 할 때
봄~여름

나물 하는 방법
뿌리잎을 뜯거나 어린순을 꺾는다.

추천 음식
생으로나 데쳐서 무침, 비빔밥

꽃 핀 모습(10월 3일).

어린 모습(7월 2일).

자란 모습(8월 6일).

뿌리잎 뜯은 나물(3월 1일).

사데풀 초고추장 무침(8월 6일).

들나물 313

방가지똥

국화과 | 한두해살이풀

크기 30~100cm
꽃 피는 때 5~9월
자라는 곳 들, 집 둘레 빈 터

잎 가장자리에 가시 같은 톱니가 있고, 줄기를 자르면 흰 즙이 나온다. 새싹은 봄에, 뿌리잎은 가을부터 이듬해 봄까지 데쳐서 무치거나 볶아 먹는다. 쌈장에 찍어 먹거나 된장국을 끓이기도 한다. 꽃봉오리를 데쳐서 무치거나 볶아도 맛있다.

나물 할 때
새싹 – 봄
뿌리잎 – 가을~이듬해 봄

나물 하는 방법
새싹과 뿌리잎 – 뜯는다.
꽃봉오리 – 꽃봉오리가 맺힌 줄기를 뜯는다.

추천 음식
새싹과 뿌리잎 – 데쳐서 무침·볶음·
　　　　　　　　쌈장 찍어 먹기, 된장국
꽃봉오리 – 데쳐서 무치거나 볶음

뿌리잎 나물 하기 좋은 때(1월 1일).

꽃 핀 모습(5월 4일).

방가지똥 버섯 볶음(9월 20일).

꽃봉오리와 잎 뜯은 나물(9월 20일).

뿌리잎(3월 29일).

큰방가지똥

국화과 | 한두해살이풀

크기 50~100cm
꽃 피는 때 5~10월
자라는 곳 길가, 빈 터

잎 가장자리에 바늘 모양 가시가 있고, 줄기를 자르면 흰 즙이 나온다. 새싹은 봄에, 꽃 방석 모양으로 돌려난 뿌리잎은 가을부터 이듬해 봄까지 데쳐서 무치거나 볶는다. 쌈장에 찍어 먹기도 한다. 꽃봉오리를 데쳐서 무치거나 볶아도 맛있다.

나물 할 때
새싹-봄
뿌리잎-가을~이듬해 봄

나물 하는 방법
잎-새싹과 뿌리잎을 뜯는다.
꽃-꽃봉오리가 맺힌 줄기를 뜯는다.

추천 음식
잎-데쳐서 무침·볶음·쌈장 찍어 먹기
꽃봉오리-데쳐서 무치거나 볶음

뿌리잎 나물 하기 좋은 때(4월 3일).

꽃 핀 모습(5월 15일).

가을 뿌리잎(9월 3일).

뿌리잎 뜯은 나물(9월 3일).

큰방가지똥 나물(9월 1일).

초가을에 나는 싹도 나물 하기 좋다(9월 3일).

꽃 핀 모습(5월 18일).

꽃대 올라온 모습(4월 20일).

가을 모습(9월 17일).

겨울 난 뿌리잎(4월 9일).

뽀리뱅이

국화과 | 두해살이풀

크기 15~100cm
꽃 피는 때 4~6월
자라는 곳 들, 빈 터, 밭둑

잎과 줄기에 털이 많다. 무 잎처럼 갈라진 뿌리잎은 겨울을 나고, 봄이 되면 가운데에서 꽃대가 올라와 자잘한 꽃이 핀다. 꽃이 피기 전에 어린잎과 줄기를 데쳐서 쓴맛을 우려내고 무치거나, 된장국을 끓인다. 뿌리잎도 같은 방법으로 먹는데, 쌈으로 먹어도 좋다. 쓰지 않은 나물과 무쳐도 맛있다.

나물 할 때
어린잎과 줄기 – 봄
뿌리잎 – 가을~이듬해 봄

나물 하는 방법
잎과 줄기를 뜯는다.

추천 음식
어린잎과 줄기 – 데쳐서 무침, 된장국
뿌리잎 – 쌈, 데쳐서 무침, 된장국

뿌리잎 뜯은 나물(9월 3일).

뽀리뱅이 나물(9월 1일).

뽀리뱅이 무침(9월 2일).

뽀리뱅이 고기 쌈(9월 29일).

들나물

나물 하기 좋은 때(5월 30일).

꽃 핀 모습(9월 16일).

싹. 이 때도 나물 하기 좋다(4월 14일).

왕고들빼기

국화과 | 한두해살이풀

크기 80~150cm
꽃 피는 때 7~9월
자라는 곳 들, 산자락

고들빼기 가운데 커서 왕고들빼기다. 쓴맛이 나는데, 잎이 커서 쌈으로 먹으면 맛있다. 고기와 쌈 싸 먹으면 누린내를 없애 주고, 입맛도 돋운다. 생으로나 데쳐서 무치고, 초고추장이나 쌈장에 찍어 먹어도 맛있다. 고들빼기처럼 김치를 담기도 한다. 위쪽 잎은 초가을까지 먹을 수 있다. 꽃줄기는 튀김을 한다.

나물 할 때
봄~초가을

나물 하는 방법
잎 - 부드러운 잎을 뜯는다.
꽃 - 꽃줄기를 뜯는다.

추천 음식
잎 - 쌈이나 무침, 김치,
　　데쳐서 무치거나 장 찍어 먹기
꽃줄기 - 튀김

뜯은 나물(7월 27일).

왕고들빼기 김치(4월 28일).

왕고들빼기 꽃줄기 튀김(9월 1일).

왕고들빼기 고기 쌈(7월 8일).

고들빼기

국화과 | 두해살이풀

크기 20~80cm
꽃 피는 때 5~9월
자라는 곳 산과 들의 풀밭, 빈 터

쓴나물, 씬나물, 잎이 무 잎을 닮았다고 무꾸나물이라고도 한다. 뿌리잎은 겨울을 나며, 뿌리가 도톰하다. 줄기잎은 밑 부분이 넓어져 줄기를 감싸고, 줄기는 가지를 많이 친다. 봄에 뿌리째 캐서 김치를 담근다. 뿌리가 인삼을 닮았고, 영양분이 많아 인삼김치라고도 한다. 생으로 무쳐도 맛있다.

나물 할 때
봄

나물 하는 방법
뿌리째 캔다.

추천 음식
김치, 무침

나물 하기 좋은 때(4월 6일).

꽃 핀 모습(5월 11일).

줄기 올라온 모습(4월 18일).

고들빼기김치(5월 26일).

자란 모습(4월 17일).

나물 하기 좋은 비늘줄기(3월 30일).

참나리

백합과 | 여러해살이풀

크기 150cm 정도
꽃 피는 때 7~8월
자라는 곳 산, 들

비늘줄기(알뿌리)를 백합이라 하여 기침, 천식에 약으로 쓴다. 주로 비늘줄기를 먹는데, 가을부터 이듬해 봄까지 줄기가 시들었을 때 캔다. 뿌리를 캐면 하얀 조각으로 된 비늘줄기가 나온다. 이걸 조각조각 떼어 밥에 넣거나 구워 먹는다. 조림을 하거나, 데쳐서 볶기도 한다. 시루떡에 넣기도 한다.

나물 할 때
가을~이듬해 봄

나물 하는 방법
비늘줄기를 캔다.

추천 음식
밥에 넣기, 굽기, 조림, 데쳐서 볶음, 떡

꽃 핀 모습(7월 14일).

싹(4월 1일).

자라는 모습(4월 22일).

씨처럼 싹이 트는 구슬눈(6월 4일).

꽃봉오리(7월 14일).

무릇

백합과 | 여러해살이풀

크기 20~50cm
꽃 피는 때 7~9월
자라는 곳 산과 들의 풀밭

물구지라고도 한다. 어린잎은 데쳐서 우려내고 초고추장이나 된장에 무쳐 먹는다. 조리기도 한다. 비늘줄기는 밤색 껍질에 싸여 있는데, 엿처럼 조려서 먹는다. 비늘줄기를 데쳐서 미지근한 물에 담가 아린 맛을 우려내고 조려도 맛있다. 여름에 꽃줄기가 쑥 올라와 자잘한 연분홍빛 꽃이 모여 핀다.

나물 할 때
잎 – 봄
비늘줄기 – 가을~이듬해 봄

나물 하는 방법
어린잎 – 뜯는다.
비늘줄기 – 캔다.

추천 음식
잎 – 데쳐서 무침, 조림
비늘줄기 – 엿, 조림

나물 하기 좋은 때(3월 13일).

어린잎(3월 21일).

꽃 핀 모습(8월 2일).

무릇 비늘줄기 조림(2월 8일).

다듬은 비늘줄기(2월 3일).

비늘줄기(4월 12일).

닭의장풀(달개비)

닭의장풀과 | 한해살이풀

크기 15~50cm
꽃 피는 때 6~9월
자라는 곳 들, 길가, 빈 터

닭장 옆에서도 잘 자란다고 닭의장풀이다. 달개비, 닭개비라고도 한다. 부드러운 순을 데쳐서 초고추장에 무치거나, 새콤달콤하게 초무침을 한다. 다진 마늘과 참기름, 깨소금을 넣고 된장에 무쳐도 맛있다. 어린순은 말렸다가 차로 마시기도 한다.

나물 할 때
늦봄~여름

나물 하는 방법
부드러운 순을 뜯는다.

추천 음식
데쳐서 무침이나 초무침, 차

나물 하기 좋은 때(5월 18일).

꽃 핀 모습(8월 23일).

열매 맺은 모습(9월 12일).

뜯은 나물(5월 27일).

닭의장풀 나물(5월 27일).

나무 나물

나무

나무는
뭇 생명 가운데
가장 오래 살고, 가장 키가 크고, 몸집도 가장 크다.

바라보기만 해도
우러르게 된다.
존경스럽고, 신령스럽다.

나무는
해도 만나고, 비바람도 만나고,
새도 재워 주고, 애벌레도 키운다.
달도 별도 만난다.

그런 나무가 나누어 준 잎과 순,
어찌 함부로 딸까?
욕심껏 딸까?

어떤 마음으로 뜯었는지
나무는 다 안다.

느릅나무 나물 하기 좋은 때(4월 26일).

느릅나무 열매 맺은 모습(4월 15일).

느릅나무 싹. 이 때도 나물 하기 좋다(4월 26일).

느릅나무 잎(4월 15일).

느릅나무(코나무) ⎤
참느릅나무

느릅나무과 | 갈잎큰키나무

크기 20~30m
꽃 피는 때 3~4월
자라는 곳 산골짜기

느릅나무 종류의 꽃(3월 30일).

잎을 씹으면 끈적끈적하다. 줄기와 잎에서 끈끈한 즙이 나오고 코에 약이 된다고 코나무, 소침 같다고 소춤나무라고도 한다. 부드러운 잎과 어린순을 따서 된장국을 끓이고, 밀가루나 쌀가루, 콩가루를 묻혀 떡도 한다. 열매는 느릅나무 장을 담근다. 껍질은 위나 불면증 따위에 약으로 쓴다. 참느릅나무도 같은 방법으로 먹는다.

참느릅나무 순 나물 하기 좋은 때(5월 23일).

나물 할 때
봄

나물 하는 방법
잎 – 부드러운 잎과 순을 딴다.
열매 – 딴다.

추천 음식
잎 – 된장국, 떡
열매 – 장

참느릅나무 뜯은 나물(5월 23일).

참느릅나무 된장국(5월 24일).

나물 하기 좋은 때(5월 16일).

뽕나무 열매 오디(5월 29일).

산뽕나무 순 무침(4월 22일).

뜯은 나물(5월 9일).

산뽕나무 묵나물 볶음(5월 10일).

산뽕잎 된장 장아찌(6월 4일).

산뽕잎 간장 장아찌(9월 9일).

산뽕잎 밥(6월 11일).

오디 즙(6월 3일).

산뽕나무

뽕나무과 | 갈잎큰키나무

크기 7~8m
꽃 피는 때 5월
자라는 곳 산

처음엔 순을 따고, 다시 돋아날 땐 잎만 딴다. 쌈으로 먹거나, 데쳐서 무친다. 간장이나 된장에 박아 장아찌를 담고, 묵나물도 만든다. 생으로나 말렸다가 뽕잎 밥을 짓기도 하고, 잎은 차를 만든다. 익은 열매는 그냥 먹거나 즙을 내고, 오디 설기도 한다. 뽕나무 전체가 고혈압과 당뇨에 좋다.

나물 할 때
봄~여름

나물 하는 방법
첫 번째는 어린순을 따고, 두 번째는 잎을 딴다.

추천 음식
잎-쌈, 데쳐서 무침, 장아찌, 묵나물 볶음, 나물밥, 차
열매-그냥 먹기, 즙, 떡

나물 하기 좋은 때(5월 25일).

꽃 핀 모습(7월 16일).

꽃 찬찬히 보기(7월 9일).

좀깨잎나무

쐐기풀과 | 갈잎떨기나무

자라는 모습(7월 17일).

열매 맺은 모습(8월 27일).

뜯은 나물(5월 25일).

크기 50~100cm
꽃 피는 때 7~8월
자라는 곳 산골짜기, 숲 가장자리

잎이 작은 들깨 잎을 닮았다고 좀깨잎나무다. 산골짜기나 숲 가장자리에 자란다. 잎 모양이 비슷한 풀이 많지만, 좀깨잎나무는 아래쪽이 나무라 구별하기 쉽다. 어린잎과 순을 다른 나물과 데쳐서 무친다. 튀김을 하고, 생선 조릴 때 깔기도 한다. 껍질은 섬유가 발달해 모시풀처럼 옷감 짜는 재료로 쓴다.

나물 할 때
봄

나물 하는 방법
어린잎과 순을 딴다.

추천 음식
데쳐서 무침, 튀김, 생선 조림 밑나물

좀깨잎나무 된장찌개(5월 25일).

나무 나물 331

나물 하기 좋은 때(5월 7일).

꽃 핀 모습(5월 9일).

암꽃(5월 9일).

오미자

목련과 | 갈잎덩굴나무

크기 8m 정도
꽃 피는 때 5~7월
자라는 곳 산

다섯 가지 맛이 난다고 오미자다. 신맛이 가장 강하고, 맛에 따라 약효가 다른데, 간이나 폐 등에 좋다. 산골짜기에서 덩굴로 자라며, 익은 열매는 술을 담그거나 효소를 만들고, 말려서 차로 마신다. 어린순은 데쳐서 간장이나 고추장에 무쳐 먹는다. 다른 나물과 섞어 먹으면 신맛이 잘 어울린다.

나물 할 때
봄

나물 하는 방법
잎 - 어린순을 딴다.
열매 - 익은 것을 딴다.

추천 음식
잎 - 데쳐서 무침
열매 - 술, 효소, 차

새순(5월 6일).

뜯은 나물(5월 9일).

오미자 익은 열매(9월 9일).

오미자 차(6월 12일).

나물 하기 좋은 때(4월 20일).

꽃 핀 모습(3월 17일).

어린잎(4월 6일).

덜 익은 열매(6월 3일).

생강나무

녹나무과 | 갈잎떨기나무

크기 3m 정도
꽃 피는 때 3월
자라는 곳 산

잎과 가지에서 생강 냄새가 나 생강나무다. 이른 봄, 잎보다 꽃이 먼저 피어 봄을 알린다. 어린잎은 차를 만들고, 더 자란 잎은 생으로나 데쳐서 쌈 싸 먹는다. 깻잎처럼 장아찌를 만들어도 맛있다. 데치면 향이 덜한 대신 맛은 부드럽다. 달걀말이를 할 때나 전에 넣으면 맛과 향이 좋다.

나물 할 때
봄

나물 하는 방법
부드러운 잎을 딴다.

추천 음식
차, 생으로나 데쳐서 쌈, 장아찌, 달걀말이, 전

뜯은 나물(4월 27일).

생강나무 장아찌(5월 13일).

생강나무·바디나물 찹쌀전(4월 16일).

생강나무 잎 달걀말이(5월 7일).

사위질빵

미나리아재비과 | 갈잎덩굴나무

크기 3m 정도
꽃 피는 때 8~9월
자라는 곳 산, 들

작은 잎 석 장으로 된 잎이다. 독성이 있으므로 어린순을 데쳐서 우려내고 된장이나 간장에 무친다. 묵나물도 한참 우려내야 한다. 다른 나물과 같이 먹는 게 좋다. 울타리나 다른 나무를 감고 올라가는데, 꽃이 피면 멋스럽다. 꽃이 지고 난 자리에 깃털 모양 암술대가 오래 남아 있다.

나물 할 때
봄

나물 하는 방법
어린순을 딴다.

추천 음식
데쳐서 무침, 묵나물 볶음

나물 하기 좋은 때(4월 8일).

꽃 핀 모습(8월 6일).

뜯은 나물(4월 12일).

마른 열매(12월 25일).

익은 열매(10월 17일).

큰꽃으아리

미나리아재비과 | 갈잎덩굴나무

크기 2~4m
꽃 피는 때 4월 말~5월
자라는 곳 산기슭

큰 꽃이 피어 큰꽃으아리다. 풀빛이 도는 흰 꽃이 피면 숲이 환하다. 어린순을 데쳐서 독을 우려낸 다음 무치거나 볶는다. 독이 강해서 생으로 먹으면 안 된다. 한방에서는 뿌리를 위령선이라 하여 풍을 없애고, 경락을 통하게 해 마비된 손과 발을 치료하는 약으로 쓴다.

나물 할 때
봄

나물 하는 방법
어린순을 뜯는다.

추천 음식
데쳐서 무치거나 볶음

나물 하기 좋은 때(4월 8일).

꽃 핀 모습(4월 25일).

싹(3월 29일).

어린 모습(4월 16일).

으아리 종류 나물 하기 좋은 때(4월 25일).

으아리 종류 꽃 핀 모습(9월 1일).

참으아리 꽃 핀 모습(8월 23일).

으아리(꼬칫대)
참으아리

미나리아재비과 | 갈잎덩굴나무

크기 2m 정도
꽃 피는 때 6~8월
자라는 곳 산기슭, 들

맨손으로 많이 꺾으면 손이 아려 꼬칫대라고도 한다. 삶을 때 매운 냄새가 나고, 맛도 맵다. 독이 있어 어린순을 데쳐서 우려내고 초고추장이나 된장에 무치거나 볶는다. 뿌리는 위령선이라 해서 허리 통증, 천식, 파상풍 따위에 약으로 쓴다. 참으아리도 같은 방법으로 먹는다.

나물 할 때
봄

나물 하는 방법
보드라운 순을 뜯는다.

추천 음식
데쳐서 무치거나 볶음

으아리 종류 싹(4월 22일).

으아리 종류 자라는 모습(4월 17일).

으아리 순 무침(4월 25일).

나물 하기 좋은 때(4월 5일).

꽃 핀 모습(4월 22일).

새순(4월 5일).

으름덩굴

으름덩굴과 | 갈잎덩굴나무

크기 5~6m
꽃 피는 때 4~5월
자라는 곳 산, 들

작은 바나나 모양 열매가 달린다. 익어서 벌어지면 하얀 속살이 보이는데, 달고 맛있다. 까만 씨앗은 뱉고 먹는다. 잎은 작은 잎 다섯 장으로 깔끔하다. 연한 잎과 어린순을 데쳐서 초고추장이나 된장에 찍어 먹고, 무치기도 한다. 된장국을 끓이고, 잎은 차로도 마신다.

나물 할 때
봄

나물 하는 방법
연한 잎과 어린순을 딴다.

추천 음식
데쳐서 장 찍어 먹거나 무침, 된장국, 차

익은 열매(10월 3일).

익어 벌어진 열매(10월 4일).

뜯은 나물(3월 23일).

뜯은 새순(4월 12일).

나물 하기 좋은 때(4월 25일).

암꽃(6월 3일).

자라는 모습(5월 16일).

수꽃(6월 3일).

열매(7월 1일).

다래
(다래나무, 다래몽두리)

다래나무과 | 갈잎덩굴나무

뜯은 나물(4월 11일).

크기 7m 정도
꽃 피는 때 5~6월
자라는 곳 산

다래나무, 다래몽두리라고도 한다. 열매가 달아서 다래다. 열매를 다래라 하는데, 씨가 까매졌을 때 따서 바구니에 담아 두었다 말랑말랑해지면 먹는다. 효소를 담거나, 잼을 만들어도 맛있다. 봄에 연한 순을 따서 말렸다가 묵나물로 먹는다. 묵나물은 데쳐서 헹구지 말고 바로 말려야 향이 더 좋다.

다래 순 묵나물 볶음(5월 10일).

나물 할 때
봄

나물 하는 방법
순 - 연한 순을 딴다.
열매 - 씨가 까맣게 익으면 딴다.

추천 음식
순 - 묵나물 볶음
열매 - 그냥 먹기, 효소, 잼

열매가 말랑말랑해지면 껍질째 먹는다(9월 16일).

다래 잼(9월 19일).

나물 하기 좋은 때(4월 21일).

꽃 핀 모습(6월 29일).

자란 잎(6월 30일).

줄기에 난 가시(4월 24일).

데친 나물(4월 22일).

음나무 간장 장아찌(7월 11일).

음나무 부침개(4월 30일).

음나무
(엄나무, 엉개나무, 개두릅)

두릅나무과 | 갈잎큰키나무

크기 10~25m
꽃 피는 때 7~8월
자라는 곳 산, 마을 근처

엄나무, 엉개나무, 두릅 맛이 나 개두릅이라고도 한다. 어린순을 데쳐서 무치거나 초고추장에 찍어 먹는다. 튀김이나 부침개를 해도 맛과 향이 좋다. 고추장이나 된장, 간장에 박아 장아찌를 만들고, 연한 순을 소금물에 살짝 절였다가 찹쌀 풀을 묽게 쑤어 물김치를 담가도 맛있다.

나물 할 때
봄

나물 하는 방법
어린순을 딴다.

추천 음식
데쳐서 무치거나 초고추장 찍어 먹기, 튀김, 부침개, 장아찌, 물김치

나무 나물

고광나무

범의귀과 | 갈잎떨기나무

크기 2~4m
꽃 피는 때 5~6월
자라는 곳 산기슭 골짜기

산골짜기에 주로 자란다. 작은키떨기나무인데, 봄에 하얀 꽃이 피면 떨기 전체가 환하다. 마주 난 잎에 이 모양 톱니가 있고, 깔끔해 알아보기 쉽다. 어린잎과 잔 가지에는 하얀 털이 많아 뽀얗다. 봄에 난 어린순을 데쳐서 무쳐 먹는다. 무친 나물을 생선 조릴 때 깔아도 맛있다.

나물 할 때
봄

나물 하는 방법
어린순을 딴다.

추천 음식
데쳐서 무침, 생선 조림 밑나물

나물 하기 좋은 때(4월 11일).

꽃 핀 모습(5월 23일).

뜯은 나물(4월 11일).

열매(6월 5일).

국수나무

장미과 | 갈잎떨기나무

크기 1~2m
꽃 피는 때 5~6월
자라는 곳 산의 숲 가장자리

낭창하고 가는 줄기가 국수 가락을 닮았다. 잎이 진 겨울에 보면 영락없는 국수 가락이다. 줄기 속에 들어 있는 하얀 심도 국수를 닮았다. 봄에 어린순을 찔레처럼 꺾어 먹기도 하고, 데쳐서 된장이나 간장에 무치거나 볶는다. 된장국을 끓여도 맛있다.

나물 할 때
봄

나물 하는 방법
어린순을 꺾는다.

추천 음식
데쳐서 무치거나 볶음, 된장국

나물 하기 좋은 때(4월 14일).

꽃 핀 모습(5월 23일).

단풍 든 모습(11월 22일).

국수 가락 닮은 가지(3월 21일).

뜯은 나물(4월 14일).

어린순 나물 하기 좋은 때(4월 5일).

찔레 꺾어 먹기 좋은 때(4월 14일).

꽃 핀 모습(5월 16일).

분홍 꽃도 더러 보인다(5월 23일).

찔레꽃
(찔레, 찔레나무)

장미과 | 갈잎떨기나무

크기 2m 정도
꽃 피는 때 5~6월
자라는 곳 산, 들

찔레, 찔레나무라고도 한다. 북한에서는 들장미라 한다. 꽃이 피면 좋은 향기가 난다. 꽃잎은 그냥 먹거나 꽃전을 부치고, 어린순은 데쳐서 무쳐 먹는다. 찔레꽃의 부드러운 순을 찔레라 해서 잎을 떼고 줄기째 먹거나, 껍질을 벗기고 먹는다. 꽃봉오리나 꽃은 쪄서 말렸다가 차로 마신다.

나물 할 때
봄

나물 하는 방법
잎 – 어린순을 딴다.
꽃 – 꽃받침째 딴다.

추천 음식
순 – 데쳐서 무침, 잎 떼고 먹기
꽃 – 꽃전, 차

꽃 핀 전체 모습(5월 23일).

새가 좋아하는 열매(11월 28일).

찔레(4월 12일).

나무 나물

칡(칡덤불, 칠기)

콩과 | 갈잎덩굴나무

크기 10m 이상
꽃 피는 때 7~8월
자라는 곳 산, 들

순과 잎 나물 하기 좋은 때(4월 20일).

칡덤불, 칠기라고도 한다. 잎과 어린순을 소나 토끼, 고라니가 좋아한다. 새순과 어린잎은 쌈으로 먹거나, 튀김을 하면 맛있다. 어린잎을 송송 썰어 칡 밥을 짓고, 보드라운 잎을 따서 깻잎처럼 장아찌를 담가도 맛있다. 뿌리는 갈근이라 해서 차로 마시거나, 감기와 폐 질환 따위에 약으로 쓴다.

꽃 핀 모습(8월 13일).

나물 할 때
봄~여름

나물 하는 방법
부드러운 잎과 순을 딴다.

추천 음식
쌈, 튀김, 나물밥, 장아찌

잎 나물 하기 좋은 때(8월 20일).

칡잎 장아찌(5월 21일).

칡잎과 순 튀김(4월 25일).

뜯은 나물(5월 3일).

아까시나무

콩과 | 갈잎큰키나무

크기 15~25m
꽃 피는 때 5~6월
자라는 곳 산, 들

아카시아라고 잘못 알려진 나무다. 향기가 좋은 꽃이 핀다. 꽃을 훑어서 전이나 튀김을 한다. 송이째 튀김옷을 입히거나, 튀김옷 없이 튀기기도 한다. 훑은 꽃은 샐러드를 만들거나, 다른 나물과 무쳐도 향이 좋다. 쌀가루에 섞어 시루떡을 해도 맛있다.

나물 할 때
봄

나물 하는 방법
꽃을 훑거나 송이째 딴다.

추천 음식
전, 튀김, 샐러드, 무침, 떡

꽃 튀김 하기 좋은 때(5월 6일).

어린 가지에 난 가시(3월 17일).

새순(5월 6일).

튀김 할 꽃(5월 6일).

아까시나무 꽃 튀김(5월 8일).

나무 나물

골담초

콩과 | 갈잎떨기나무

크기 2m 정도
꽃 피는 때 4~5월
자라는 곳 산지, 마을 둘레

뼈에 좋아 뼈를 담당한다고 골담초다. 노란 나비 모양 꽃이 피어 차차 붉은빛을 띤다. 작은 잎 네 장으로 된 잎이 깔끔하다. 꽃이 피면 그냥 먹기도 하고, 무치거나 샐러드를 만든다. 비빔밥에 얹으면 예쁘다. 쌀가루에 섞어 시루떡을 해도 맛있다. 뼈가 쑤실 때나 신경통 따위에 약으로 쓴다.

나물 할 때
봄

나물 하는 방법
꽃을 딴다.

추천 음식
그냥 먹기, 무침, 샐러드, 비빔밥, 떡

꽃. 비빔밥 하기 좋은 때(4월 22일).

꽃 핀 모습(4월 18일).

골담초 봄나물 비빔밥(4월 19일).

딴 꽃(4월 18일).

잎(5월 9일).

나물 하기 좋은 때(3월 23일).

꽃 핀 모습(4월 27일).

이 때도 나물 하기 좋다(4월 20일).

고추나무

고추나무과 | 갈잎떨기나무

크기 2~5m
꽃 피는 때 4월 말~6월
자라는 곳 산골짜기

이파리가 고추 잎을 닮아서 고추나무다. 꽃이 피기 전에 부드러운 순을 따서 데친 뒤, 된장이나 간장에 무치거나 볶는다. 묵나물로 먹고, 잎은 전을 부치기도 한다. 잎뿐 아니라 꽃봉오리가 맺힌 채로도 먹을 수 있다. 꽃이 피면 향기가 좋고, 열매가 부푼 인형 바지처럼 귀엽게 달린다.

나물 할 때
봄

나물 하는 방법
어린순을 딴다.

추천 음식
데쳐서 무치거나 볶음, 묵나물 볶음, 전

열매(6월 8일).

뜯은 나물(3월 23일).

고추나무 찹쌀전(3월 25일).

나무 나물

나물 하기 좋은 때(5월 14일).

꽃 핀 모습(6월 8일).

붉게 나오는 싹(4월 12일).

사람주나무(산호자)

대극과 | 갈잎작은키나무

크기 6m 정도
꽃 피는 때 6월
자라는 곳 산골짜기, 산 중턱

산호자라고도 한다. 잎을 따면 흰 즙이 나온다. 나무줄기는 분을 바른 듯 뽀얗고, 잎이 붉게 난다. 부드러울 때 따서 데친 뒤 우려내고 쌈으로 먹는다. 쌈 양념은 된장과 쌈장도 좋고, 멸치젓이나 다른 젓갈과 같이 먹어도 맛있다. 데쳐서 간장이나 고추장에 박아 장아찌도 담근다.

나물 할 때
봄

나물 하는 방법
부드러운 잎을 딴다.

추천 음식
데쳐서 쌈이나 장아찌

열매(7월 6일).

뽀얀 줄기(10월 23일).

뜯은 잎(5월 12일).

사람주나무 장아찌(5월 21일).

나물 하기 좋은 때(4월 20일).

초피나무는 가시가 마주난다(2월 25일).

열매 껍질. 빻아서 가루를 쓴다(12월 6일).

말려서 향신료로 쓸 열매(9월 25일).

초피나무와 산초나무 잎 견주어 보기(9월 25일).

초피 가루(10월 28일).

초피나무(제피나무)

운향과 | 갈잎떨기나무

크기 3m 정도
꽃 피는 때 4월 말~6월
자라는 곳 산

제피나무라고도 한다. 흔히 산초나무라 하는데, 산초나무는 따로 있다. 열매 껍질을 가루 내어 추어탕에 넣는다. 김치에 넣으면 향도 좋고, 빨리 시지 않는다. 어린순은 장이나 젓갈에 박아 장아찌를 만든다. 고기를 먹을 때 한 잎 넣으면 누린내를 없애 준다. 생선 조림, 된장찌개, 부침개에도 넣는다.

나물 할 때
봄

나물 하는 방법
잎 – 어린순을 딴다.
열매 – 익은 열매를 딴다.

추천 음식
잎 – 생선 조림이나 찜·된장찌개의 양념,
　　장아찌, 쌈, 부침개
열매 – 추어탕이나 김치·생선 찜의 양념

뜯은 나물(4월 11일).

초피나무 잎 장아찌(5월 5일).

초피 가루 넣은 붕어찜(8월 28일).

초피 가루 넣은 추어탕(10월 12일).

순 나물 하기 좋은 때(5월 9일).

꽃 핀 모습(7월 24일).

전체 모습(7월 24일).

산초나무(난두나무)

운향과 | 갈잎떨기나무

크기 3m
꽃 피는 때 7~9월
자라는 곳 산

난두나무라고도 한다. 초피나무는 가시가 마주 나는데, 산초나무는 가시가 어긋난다. 초피나무 꽃은 봄에 피기 시작하고, 산초나무는 여름부터 피며 꽃차례도 크다. 산초나무 씨는 기름을 짠다. 덜 익은 열매는 장아찌를 담거나 튀겨 먹는다. 어린순은 튀김을 하고, 전을 부칠 때나 된장국에도 넣는다.

나물 할 때
어린순 - 봄
열매 - 가을

나물 하는 방법
잎 - 어린순을 딴다.
열매 - 덜 익은 열매를 딴다.

추천 음식
잎 - 튀김, 전, 된장국
풋 열매 - 장아찌, 튀김
익은 씨 - 기름

산초나무는 가시가 어긋난다(2월 20일).

열매(9월 22일).

장아찌 담기 좋은 풋 열매(9월 25일).

산초나무 열매 장아찌(10월 28일).

나물 하기 좋은 때(4월 21일).

자란 잎(6월 1일).

꽃 핀 모습(6월 8일).

참죽나무 (가죽나물)

멀구슬나무과 | 갈잎큰키나무

크기 20~25m
꽃 피는 때 6월
자라는 곳 마을 둘레, 들

가죽나물이라고도 한다. 가죽나무라고도 하지만, 가죽나무는 따로 있고 먹지 않는다. 어린순을 무치거나, 하루쯤 그늘에 말렸다 간장이나 소금에 절여 장아찌를 담근다. 생으로나 데쳐서 쌈도 싸 먹는다. 데쳐 말린 뒤 튀김을 하거나, 고추장 푼 찹쌀 반죽을 발라 부각도 만든다. 잘게 썰어 고추장에 넣고 장떡을 해도 맛있다.

나물 할 때
봄

나물 하는 방법
어린순을 딴다.

추천 음식
무침, 장아찌, 생으로나 데친 쌈, 튀김, 부각, 장떡

나무줄기(6월 8일).
파는 참죽나무 나물(4월 18일).

참죽나무 장아찌(5월 1일).

참죽나무 부각(5월 29일).

나무 나물

나물 하기 좋은 때(4월 8일).

꽃 핀 모습(6월 19일).

새순(4월 11일).

자란 잎(6월 8일).

전체 모습(4월 27일).

꽃봉오리가 맺힌 모습(6월 4일).

뜯은 나물(4월 12일).

합다리나무
(합대나무, 합달나무)

나도밤나무과 | 갈잎큰키나무

크기 10m 정도
꽃 피는 때 6~7월
자라는 곳 산기슭

합대나무, 합달나무라고도 한다. 작은 잎 9~15장으로 된 잎이다. 새순이 나오면 두릅나무의 새순인 두릅과 같은 방법으로 나물 해 먹는다. 데쳐서 초고추장에 찍어 먹고, 간장이나 된장, 고추장에 무치기도 한다. 튀김이나 전, 장아찌를 해도 맛있다.

나물 할 때
봄

나물 하는 방법
어린순을 딴다.

추천 음식
데쳐서 초고추장 찍어 먹거나 무침, 튀김, 전, 장아찌

나물 하기 좋은 때(5월 23일).

꽃 핀 모습(7월 23일).

자라는 모습(5월 23일).

미역줄나무

노박덩굴과 | 갈잎덩굴나무

크기 2m 정도
꽃 피는 때 6~7월
자라는 곳 산

메역순나무, 미역줄거리나무라고도 한다. 무리 지어 자라며, 꽃 향기가 좋다. 열매에는 날개가 세 개 있다. 가지가 많이 갈라지고 덩굴이라, 이 나무가 자라는 곳은 사람이 지나가기 힘들다. 봄에 돋은 새순을 생으로 무쳐 먹고, 데쳐서 무치거나 된장국을 끓이기도 한다.

나물 할 때
봄

나물 하는 방법
어린순을 딴다.

추천 음식
생으로나 데쳐서 무침, 된장국

꽃봉오리가 맺힌 모습(5월 21일).

자란 모습(7월 9일).

열매(8월 24일).

뜯은 나물(5월 23일).

나물 하기 좋은 때(4월 29일).

꽃 핀 모습(4월 9일).

단풍 든 모습(9월 9일).

익은 열매(11월 23일).

뜯은 나물(4월 12일).

화살나무 무침(4월 12일).

화살나무 밥(4월 1일).

화살나무
(홑잎나물, 홋잎나물)

노박덩굴과 | 갈잎떨기나무

크기 1~3m
꽃 피는 때 4~5월
자라는 곳 산

줄기에 화살처럼 날개가 있어서 화살나무다. 홑잎나물, 홋잎나물이라고도 한다. 회잎나무와 비슷한데, 화살나무는 줄기에 화살 같은 날개가 있다. 어린순을 따서 생으로 무치거나, 고슬고슬하게 지은 밥에 어린순을 섞은 뒤 뜸을 들여 나물밥을 해 먹는다. 된장국도 끓인다. 다른 산나물과 데쳐서 무치거나, 볶아도 맛있다.

나물 할 때
봄

나물 하는 방법
어린순을 뜯는다.

추천 음식
무침, 나물밥, 된장국, 데쳐서 무치거나 볶음

나무 나물 367

회잎나무
(홑잎나물, 홋잎나물)

노박덩굴과 | 갈잎떨기나무

크기 1~3m
꽃 피는 때 4월 말~6월
자라는 곳 산

홑잎나물, 홋잎나물이라고도 한다. 화살나무랑 비슷한데, 줄기에 화살 같은 날개가 없다. 어린 순을 생으로 무치거나, 쌈에 넣어 먹는다. 다른 나물과 데쳐서 된장이나 간장에 무치거나 볶아도 맛있다. 된장국을 끓이고, 고슬고슬하게 지은 밥에 잎을 섞은 뒤 뜸을 들여 나물밥을 한다.

나물 할 때
봄

나물 하는 방법
어린순을 뜯는다.

추천 음식
무침, 쌈, 데쳐서 무치거나 볶음,
나물밥, 된장국

나물 하기 좋은 때(4월 5일).

꽃 핀 모습(4월 27일).

잎이 자란 모습(4월 18일).

회잎나무 밥(4월 1일).

뜯은 나물(4월 5일).

헛개나무

갈매나무과 | 갈잎큰키나무

크기 10m 정도
꽃 피는 때 6월 중순~7월
자라는 곳 산

간에 좋다 하여 열매와 잎, 줄기를 약으로 쓴다. 부드러운 잎은 생으로 고기와 쌈 싸 먹거나, 된장이나 쌈장을 찍어 먹는다. 간장 양념에 새콤달콤하게 간을 하거나 그냥 짜게 간해 장아찌도 담근다. 줄기와 열매, 잎을 차로 마시기도 한다. 쓰임새가 많다 보니 심어 가꾸기도 한다.

나물 할 때
봄

나물 하는 방법
부드러운 잎을 딴다.

추천 음식
쌈, 장아찌, 차

나물 하기 좋은 때(5월 9일).

꽃 핀 모습(6월 19일).

쌈으로 먹거나 장아찌 하기 좋은 때(5월 9일).

굵은 줄기(5월 9일).

헛개나무 쌈(5월 29일).

헛개나무 장아찌(9월 28일).

나무 나물

박쥐나무 나물 하기 좋은 때(5월 14일).

박쥐나무 꽃봉오리 맺힌 모습(6월 6일).

박쥐나무 꽃(6월 6일).

박쥐나무(남방잎) ⊃ 단풍박쥐나무

박쥐나무과 | 갈잎떨기나무

크기 3m
꽃 피는 때 5~7월
자라는 곳 산의 숲 속

이파리가 박쥐가 날개를 펼친 것 같다고 박쥐나무다. 남방잎, 남방다리라고도 한다. 꽃이 노리개 장식처럼 늘어지는 모습이 특이하다. 잎이 부드러울 때 따서 장아찌를 담근다. 생으로나 데쳐서 담그는데 간장으로 해도 맛있고, 고춧가루 양념을 해서 담가도 부드럽고 향긋하다. 박쥐나무에는 독이 있으니 많이 먹으면 안 된다. 단풍박쥐나무도 같은 방법으로 먹는다.

나물 할 때
봄

나물 하는 방법
부드러운 잎을 딴다.

추천 음식
장아찌

단풍박쥐나무 나물 하기 좋은 때(5월 3일).

박쥐나무 뜯은 나물(4월 22일).

박쥐나무 장아찌(5월 17일).

단풍박쥐나무 장아찌(5월 30일).

꽃 핀 모습(8월 20일).

나물 한 뒤에 새로 난 잎(4월 25일).

자라면 잎에 가시가 날카롭다(5월 20일).

나물 하기 좋은 때(4월 21일).

두릅나무 (두릅, 드릅)

두릅나무과 | 갈잎떨기나무

크기 3~4m
꽃 피는 때 8~9월
자라는 곳 산

뜯은 두릅(4월 11일).

새순을 두릅이라 한다. 경상도 지방에서는 드릅이라 한다. 두릅나무 어린순은 데쳐서 초고추장에 찍어 먹는 고급 나물이다. 무치거나 된장국을 끓여도 좋고, 된장이나 고추장에 박아 장아찌를 담가도 맛있다. 전을 부치기도 하고, 찹쌀 가루나 튀김 가루를 묻혀 튀김도 한다. 두릅 데친 물을 식혀서 물김치도 담근다.

두릅 데친 나물(4월 4일).

나물 할 때
봄

나물 하는 방법
어린순을 딴다.

추천 음식
데쳐서 초고추장 찍어 먹거나 무침, 된장국, 장아찌, 전, 튀김, 물김치

두릅 장아찌(5월 10일).

두릅 튀김(4월 11일).

나물 하기 좋은 때(4월 21일).

산에 자라는 모습(4월 4일).

줄기에 가시가 있다(4월 17일).

꽃 핀 모습(9월 25일).

열매(9월 25일).

오갈피나무
(오가피나무)

두릅나무과 | 갈잎떨기나무

크기 3~4m
꽃 피는 때 7월 말~9월
자라는 곳 산

이파리가 작은 잎 다섯 장으로 갈라져서 오갈피나무다. 오가피나무라고도 한다. 부드러운 잎과 순을 생으로나 데쳐서 쌈으로 먹는다. 데쳐서 된장이나 간장, 초고추장에 무쳐도 맛있다. 장아찌를 담그고, 새순은 튀김도 한다. 어린잎을 불린 쌀과 섞어 오갈피나무 밥(오가반)도 지어 먹는다.

나물 할 때
봄

나물 하는 방법
부드러운 잎과 순을 딴다.

추천 음식
쌈, 데쳐서 쌈이나 무침, 장아찌, 튀김, 나물밥

오갈피나무 초고추장 무침(4월 28일).

오갈피나무 장아찌(5월 10일).

오가반(4월 12일).

누리장나무

마편초과 | 갈잎떨기나무

크기 2m 정도
꽃 피는 때 8~9월
자라는 곳 산골짜기, 바닷가

잎에서 누린내가 난다고 누리장나무다. 잎에서 고소한 냄새도 난다. 잎은 심장 모양이고, 끝이 뾰족하며, 깻잎 정도로 넓다. 부드러운 잎과 순을 따서 데친 다음 맑은 물에 우려내고 쌈 싸 먹는다. 깻잎처럼 차곡차곡 쌓아 장아찌를 담거나, 묵나물로 먹어도 맛있다. 새순은 데쳐서 무쳐 먹는다.

나물 할 때
봄~초여름

나물 하는 방법
부드러운 잎과 순을 딴다.

추천 음식
데쳐서 쌈이나 무침, 장아찌, 묵나물 볶음

나물 하기 좋은 때(5월 3일).

꽃 핀 모습(8월 7일).

열매(10월 17일).

누리장나무 장아찌(5월 17일).

뜯은 나물(5월 10일).

구기자나무

가지과 | 갈잎떨기나무

나물 하기 좋은 때(4월 15일).

꽃 핀 모습(9월 4일).

크기 2~4m
꽃 피는 때 6~9월
자라는 곳 마을 둘레

열매가 고추를 닮아서 개고추라고도 한다. 어린순을 데쳐서 우려내고 무치거나 볶아 먹는다. 나물밥을 하고, 말려서 차로 마시기도 한다. 열매(구기자)는 차로, 뿌리 껍질(지골피)은 해열제와 강장제 따위로 쓴다. 울타리로 심어 가꾸기도 한다.

나물 할 때
봄

나물 하는 방법
어린순을 딴다.

추천 음식
데쳐서 무치거나 볶음, 나물밥, 차

고추를 닮은 열매(11월 19일).

자라는 모습(6월 1일).

뜯은 나물(4월 17일).

나무 나물

나물 하기 좋은 때(4월 18일).

꽃 핀 모습(4월 17일).

꽃 핀 전체 모습(4월 27일).

병꽃나무 (명태취)

인동과 | 갈잎떨기나무

크기 2~3m
꽃 피는 때 4~6월
자라는 곳 산골짜기

열매가 병 모양을 닮아 병꽃나무다. 잎이 명태 주둥이를 닮아 명태취라고도 한다. 꽃이 필 때는 연둣빛 섞인 노란빛인데, 점점 붉은빛을 띤다. 어린순을 데쳐서 간장이나 된장에 무치고, 된장국을 끓인다. 묵나물로 먹기도 한다. 푸석푸석한 느낌이 나며, 쓴맛은 우려내고 먹는다.

나물 할 때
봄

나물 하는 방법
어린순을 뜯는다.

추천 음식
데쳐서 무침, 된장국, 묵나물 볶음

병 모양 닮은 열매(7월 11일).

뜯은 나물(4월 18일).

병꽃나무 나물(4월 9일).

나물 하기 좋은 때(4월 20일).

풋 열매(5월 8일).

익은 열매(10월 6일).

청미래덩굴
(망개, 명감)

백합과 | 갈잎덩굴나무

크기 2~3m
꽃 피는 때 4월 말~5월
자라는 곳 산

망개, 명감이라고도 한다. 열매는 먹을 수 있고, 익으면 새가 좋아한다. 부드러운 잎을 따서 소금에 절여 망개떡을 해 먹는다. 방부제 구실을 하는 성분이 있어 떡이 잘 쉬지 않고, 향도 좋다. 연한 잎과 순을 생으로 무쳐 먹는다. 데쳐서 무치거나 쌈을 싸 먹기도 한다. 새순은 칼집을 넣어 튀김을 해도 맛있다.

나물 할 때
봄

나물 하는 방법
어린순과 잎을 딴다.

추천 음식
순 - 무침, 데쳐서 쌈이나 무침, 튀김
잎 - 떡

뜯은 나물(4월 4일).

청미래덩굴과 봄나물 무침(4월 16일).

망개떡 싸려고 딴 잎(4월 20일).

망개떡(4월 15일).

나물 하기 좋은 때(5월 9일).

자라는 모습(6월 29일).

암꽃(6월 2일).

수꽃(6월 3일).

청가시덩굴

백합과 | 갈잎덩굴나무

크기 5m 정도
꽃 피는 때 6~7월
자라는 곳 산기슭, 숲 속

열매. 잎에 얼룩무늬가 있는 것도 있다(6월 29일).

줄기가 초록빛이다(8월 5일).

덩굴로 자란다. 잎이 반들반들하다고 강원도에서는 기름나물이라고도 한다. 이름에 걸맞게 줄기는 겨울에도 푸르다. 새순과 어린잎을 데쳐서 초고추장에 찍어 먹고, 고추장이나 된장에 무친다. 국을 끓이거나 볶기도 한다. 뿌리는 관절염이나 진통, 혈액 순환 따위에 약으로 쓴다.

나물 할 때
봄

나물 하는 방법
새순과 어린잎을 뜯는다.

추천 음식
데쳐서 초고추장 찍어 먹거나 무침, 국, 볶음

익은 열매와 껍질 벗긴 씨(11월 2일).

뜯은 나물(5월 1일).

죽순대(맹종죽)

벼과 | 늘푸른대나무(특수한 풀)

크기 10~20m
꽃 피는 때 일생에 한 번
자라는 곳 주로 남부 지방 마을 근처

맹종죽이라고도 한다. 커다란 짐승 뿔이 솟아 나듯 죽순이 올라온다. 죽순은 여러 가지 요리에 쓴다. 데쳐서 초고추장에 찍어 먹고, 고추장에 무치거나 볶기도 한다. 추어탕이나 국을 끓일 때 넣어도 맛있다. 말렸다가 먹기도 하고, 장아찌도 담근다. 주로 남부 지방에서 심어 가꾼다.

나물 할 때
봄

나물 하는 방법
죽순을 꺾는다.

추천 음식
데쳐서 초고추장 찍어 먹기 · 무침 · 볶음, 추어탕, 국, 장아찌

나물 하기 좋은 때(5월 1일).

대숲(5월 27일).

꺾은 죽순(5월 2일).

죽순 볶음(5월 24일).

데친 죽순 나물(5월 2일).

껍질 벗긴 죽순(5월 2일).

노박덩굴

노박덩굴과 | 갈잎덩굴나무

크기 10m 정도
꽃 피는 때 5월 말~6월
자라는 곳 산, 들

가을에 열매가 예쁘게 익는 덩굴나무다. 울타리나 담벼락, 다른 나무를 감고 올라가 자란다. 암수딴그루지만 드물게 암꽃과 수꽃이 한 나무에 피기도 한다. 부드러운 잎과 어린순을 데쳐서 간장이나 된장에 무치고, 묵나물로도 먹는다. 열매는 생리통이나 관절염 따위에 약으로 쓰고, 꽃꽂이 재료로도 인기가 좋다.

나물 할 때
봄

나물 하는 방법
어린순을 뜯는다.

추천 음식
데쳐서 무침, 묵나물 볶음

나물 하기 좋은 때(4월 15일).

자라는 모습(6월 4일).

꽃 핀 모습(5월 28일).

열매(10월 1일).

익은 열매(11월 4일).

뜯은 나물(4월 25일).

갯가 나물

번행초 만난 곳

파도 소리 듣고,
갯내음 맡고
자란 번행초

바다 닮아
짭조름한 소금 품었다.
갯바람 품었다.

번행초 한 잎 씹으면
둥둥
바다에 떠 가는 것 같다.

그것 뜯을 때
욕심 무거우면
잘 뜨지 않는다.

번행초 처음 본 바닷가
좋아하는 사람 처음 만난 그곳처럼
기억에 남는다.

나물 하기 좋은 때(7월 20일).

꽃 핀 모습(8월 23일).

열매(8월 25일).

번행초

석류풀과 | 여러해살이풀

크기 40~60cm
꽃 피는 때 5~10월
자라는 곳 바닷가

맛이 짭조름하다. 이파리는 두껍고 물기가 많다. 전체에 하얀 분 같아 보이는 돌기가 있다. 연한 잎과 어린순을 따서 생으로 무치거나 샐러드를 만든다. 비빔밥이나 쌈밥에 다른 나물과 같이 넣어도 맛이 잘 어우러진다. 데쳐서 버섯이나 멸치와 함께 볶기도 하고, 된장국도 끓인다. 남쪽에서는 연한 잎을 사철 먹을 수 있다.

나물 할 때
봄~가을

나물 하는 방법
연한 잎과 어린순을 딴다.

추천 음식
무침, 샐러드, 비빔밥, 쌈밥, 데쳐서 볶음, 된장국

뜯은 나물(8월 23일).

번행초 과일 샐러드(8월 27일).

번행초 멸치볶음(5월 9일).

번행초 된장국(8월 27일).

나물 하기 좋은 때(5월 19일).

꽃 핀 모습(7월 1일).

연한 순은 이 때도 나물할 수 있다(7월 1일).

자라는 모습(7월 1일).

수송나물
(가시솔나물)

명아주과 | 한해살이풀

크기 10~40cm
꽃 피는 때 7~8월
자라는 곳 바닷가 모래땅

가시솔나물이라고도 한다. 어릴 때는 연하지만, 자라면 줄기가 딱딱해지고 잎 끝이 가시처럼 날카롭다. 연한 순을 생으로 무치거나 샐러드를 만든다. 염생식물이라 짭조름한데다, 아삭아삭 씹히는 맛이 그만이다. 비빔밥이나 쌈밥 재료로도 좋다. 데쳐서 멸치나 버섯 따위를 넣고 볶아도 맛있다.

나물 할 때
봄~여름

나물 하는 방법
연한 순을 딴다.

추천 음식
무침, 샐러드, 비빔밥, 쌈밥, 데쳐서 볶음

뜯은 나물(5월 19일).

수송나물 멸치볶음(7월 9일).

수송나물 양배추 쌈밥(7월 2일).

갯가 나물

순 나물 하기 좋은 때(4월 20일).

꽃 핀 모습(4월 28일).

자란 모습(4월 25일).

콩은 완두처럼 먹는다(6월 1일).

갯완두

콩과 | 여러해살이풀

크기 20~60cm
꽃 피는 때 4월 말~6월
자라는 곳 바닷가 모래땅

갯가에 자라는 완두라고 갯완두다. 부드러운 잎과 순은 꽃봉오리가 달리기 전에 따서 데친 뒤 무치거나 볶아 먹는다. 꽃은 피기 시작할 때 따서 데친 뒤 새콤달콤하게 초무침을 한다. 열매는 덜 익었을 때 꼬투리째 따서 데친 뒤 버섯을 넣고 볶거나, 튀김을 한다. 콩은 완두처럼 삶아 먹거나, 밥 지을 때 넣는다.

나물 할 때
잎과 꽃 – 봄
열매 – 여름

나물 하는 방법
잎 – 부드러운 잎과 순을 딴다.
꽃 – 피기 시작했을 때 딴다.
열매 – 덜 익었을 때 꼬투리째 딴다.

추천 음식
잎 – 데쳐서 무치거나 볶음
꽃 – 데쳐서 초무침
열매 – 데쳐서 볶음, 튀김, 삶아 먹기, 밥

완두 닮은 열매(5월 31일).

순 뜯은 나물(4월 25일).

갯완두 순 볶음(4월 30일).

나물 하기 좋은 때(5월 19일).

꽃 핀 모습(5월 19일).

어린 싹(5월 19일).

꽃봉오리가 맺힌 모습(5월 19일).

갯방풍(방풍나물)

산형과 | 여러해살이풀

크기 5~20cm
꽃 피는 때 5~7월
자라는 곳 바닷가 모래땅

바닷가에서 자라는 방풍이라고 갯방풍이다. 방풍은 따로 있다. 방풍은 풍을 물리친다는 뜻이다. 해방풍, 방풍나물이라고도 한다. 부드러운 잎을 데쳐서 무치거나 초고추장에 찍어 먹는다. 봄부터 여름까지 새 잎을 먹을 수 있다. 생으로 무치거나, 쌈으로 먹어도 향긋하다. 튀김을 해도 맛있다. 뿌리는 해열제나 진통제로 쓴다.

꽃대가 올라온 모습(5월 19일).

나물 할 때
봄~여름

나물 하는 방법
부드러운 잎을 뜯는다.

추천 음식
데쳐서 초고추장 찍어 먹거나 무침, 생으로 무치거나 쌈, 튀김

열매(7월 1일).

갯방풍 데친 나물(5월 19일).

갯가 나물

나물 하기 좋은 때(3월 5일).

꽃 핀 모습(6월 28일).

열매(8월 13일).

갯기름나물 (방풍)

산형과 | 여러해살이풀

크기 60~100cm
꽃 피는 때 6~8월
자라는 곳 바닷가

남부 지방 바닷가에서 잘 자란다. 방풍이라 해서 팔기도 하는데, 진짜 방풍은 따로 있다. 방풍은 아니지만 중풍이나 감기 따위에 약으로 쓴다. 분을 바른 듯한 잎은 두껍고 흰빛이 돈다. 부드러운 잎과 줄기를 데쳐서 무치거나 초고추장에 찍어 먹는다. 쌈으로 먹어도 맛있다. 부드러운 잎은 꽃이 피기 전까지 먹을 수 있다.

나물 할 때
봄~초여름

나물 하는 방법
부드러운 잎을 뜯는다.

추천 음식
데쳐서 초고추장 찍어 먹기 · 무침 · 쌈

이 때도 나물하기 좋다(4월 28일).

자란 모습(5월 29일).

뜯은 나물(3월 3일).

갯기름나물 데친 쌈(4월 19일).

갯가 나물

갯무 (무아재비, 갯무시)

십자화과 | 한두해살이풀

크기 30~90cm
꽃 피는 때 4~6월
자라는 곳 바닷가 모래땅

갯가에서 자라는 무라고 갯무다. 무를 닮아 무아재비, 갯무시라고도 한다. 절로 자라 작고 강하게 생겼다. 무처럼 김치를 담그거나, 어린순을 데쳐서 무친다. 물김치를 담기도 한다. 밭에 심어 가꾼 무보다 향이 진하다. 덜 익은 열매는 꼬투리째 데쳐서 볶거나 양념을 얹어 먹는다.

나물 할 때
봄

나물 하는 방법
잎 – 잎과 어린순을 뜯는다(뿌리가 뽑히면 같이 쓴다).
열매 – 덜 익은 열매를 꼬투리째 딴다.

추천 음식
잎 – 김치, 데쳐서 무침, 물김치
열매 – 데쳐서 볶거나 양념 얹어 먹기

나물 하기 좋은 때(3월 28일).

꽃 핀 모습(5월 20일).

어린 모습(4월 28일).

열매 맺은 모습(7월 2일).

무 닮은 모습(4월 28일).

섬쑥부쟁이

국화과 | 여러해살이풀

크기 100~150cm
꽃 피는 때 7~10월
자라는 곳 울릉도

쑥부쟁이 종류를 뭉뚱그려 부지깽이나물이라고도 한다. 섬쑥부쟁이는 주로 울릉도에서 자라지만, 요즘은 다른 곳에서도 심어 가꾼다. 잎은 긴 타원형이고, 가장자리에 날카로운 톱니가 있다. 어린순을 데쳐서 무친다. 잘 자라서 몇 번이나 뜯을 수 있다. 묵나물로 먹기도 한다.

나물 할 때
봄~초여름

나물 하는 방법
어린순을 뜯는다.

추천 음식
데쳐서 무침, 묵나물 볶음

나물 하기 좋은 때(4월 29일).

꽃 핀 모습(9월 22일).

자란 모습(5월 31일).
뜯은 나물(5월 29일).

울릉도에서 데쳐 말리는 섬쑥부쟁이(5월 8일).

갯가 나물

갯고들빼기

국화과 | 여러해살이풀

크기 15cm
꽃 피는 때 9~11월
자라는 곳 바닷가 바위 틈

맛이 아주 쓰다. 고들빼기 종류의 쓴맛은 입맛을 돋우고, 위를 튼튼하게 한다. 뿌리잎은 깃 모양으로 갈라지기도 하고, 갈라지지 않기도 한다. 어린잎과 순을 데쳐서 우려내고 무친다. 쓴맛을 좋아하면 부드러운 잎을 생으로 무치거나 쌈 싸 먹는다. 쓰지 않은 나물과 섞어 무쳐도 된다.

나물 할 때
봄~여름

나물 하는 방법
어린잎과 순을 뜯는다.

추천 음식
쌈, 생으로나 데쳐서 무침

나물 하기 좋은 때(5월 29일).

꽃 핀 모습(9월 2일).

어린 싹(5월 29일).

뜯은 나물(5월 29일).

자라는 모습(6월 28일).

갯씀바귀

국화과 | 여러해살이풀

크기 3~15cm
꽃 피는 때 6~7월
자라는 곳 바닷가 모래땅

바닷가에서 자라는 씀바귀라고 갯씀바귀다. 다른 씀바귀처럼 맛이 아주 쓰다. 잎은 두껍고 물기가 많은 편이며, 3~5갈래로 갈라진다. 연한 잎을 생으로 무치거나 쌈 싸 먹는다. 데쳐서 무치기도 하는데, 쓴맛이 싫으면 우려내고 먹는다. 배탈이나 설사 등을 할 수 있으니 많이 먹지 않는다.

나물 할 때
봄~여름

나물 하는 방법
연한 잎을 뜯는다.

추천 음식
쌈, 생으로나 데쳐서 무침

나물 하기 좋은 때(5월 19일).

꽃 핀 모습(6월 2일).

어린잎(5월 19일).

뜯은 나물(5월 15일).

독이 있는
식물

약도 되고 독도 되고

"이 땅에서 생긴 병은
이 땅에 약이 있다."
『동의보감』을 쓴 허준 선생님 말씀이다.

병원에서 살 가망 없다고 한 사람도
자연의 품에 들어
자연 음식 먹고 낫는 걸 더러 본다.
참말로 그런 것 같다.

먹기에 따라
독도 되고
약도 된다.

맘먹기에 따라
나도 그렇다.

미국자리공 열매(9월 1일).

미국자리공은 꽃대가 아래로 처진다(7월 23일).

미국자리공 싹(4월 25일).

자리공은 꽃대가 위로 선다(6월 1일).

섬자리공은 꽃대가 위로 선다(5월 9일).

자리공(장록)
미국자리공, 섬자리공

자리공과 | 여러해살이풀

크기 100~150cm
꽃 피는 때 6~7월
자라는 곳 마을 근처, 산

장록, 상륙이라고도 한다. 전체에 털이 없으며, 뿌리는 굵고 긴 덩어리 모양이다. 지역에 따라 어린순을 데쳐서 우려내고 무치거나 쌈을 싸 먹는 곳도 있다. 하지만 독이 강해 나물로 먹으면 안 된다. 자리공, 미국자리공, 섬자리공 모두 독이 있으며, 뿌리는 약으로 쓴다.

섬자리공 싹(5월 6일).

자리공은 씨방 8개가 떨어져 있다(6월 1일).

미국자리공은 씨방 10개가 붙어 있다(7월 24일).

섬자리공은 씨방 8개가 떨어져 있다(5월 9일).

미국자리공 뿌리(7월 24일).

독이 있는 식물

요강나물

미나리아재비과 | 갈잎작은키반관목

크기 30~100cm
꽃 피는 때 5~6월
자라는 곳 높은 곳 풀밭

이름에 '나물'이 붙었지만, 독이 강해 먹으면 안 된다. 주로 높은 산허리 양지쪽에 자라며, 줄기가 곧게 선다. 잎은 마주나며, 작은 잎 석 장으로 된 것도 있고, 하나로 된 잎도 있다. 갈라진 잎과 갈라지지 않은 잎이 같이 있다. 줄기 끝에 검은빛이 돌고 털이 빽빽한 꽃이 달린다.

꽃봉오리가 맺힌 모습(5월 2일).

꽃 핀 모습(5월 2일).

자라는 모습(4월 24일).

할미꽃

미나리아재비과 | 여러해살이풀

크기 25~40cm
꽃 피는 때 3월 말~4월
자라는 곳 양지쪽 풀밭

열매가 익으면 할머니 머리 같다고 할미꽃이다. 백발 노인 머리를 닮아 백두옹이라고도 한다. 잎과 줄기에 하얀 털이 빽빽하다. 전체에 독이 있어 나물로 먹으면 안 되지만, 뿌리는 약으로 쓴다. 예전에는 재래식 화장실에 살충제로 할미꽃 뿌리를 던져 놓기도 했다.

털이 많은 잎(3월 31일).

꽃 핀 모습(4월 10일).

꽃대 올라오는 모습(3월 12일).

열매(4월 27일).

홀아비바람꽃

미나리아재비과 | 여러해살이풀

크기 7cm 정도
꽃 피는 때 4~5월
자라는 곳 산의 숲 속

무척 작은 꽃인데, 독이 강해 먹으면 안 된다. 산의 숲 속 축축한 곳에서 잘 자란다. 뿌리줄기가 옆으로 뻗으면서 자라 무리를 이룬다. 뿌리잎은 손가락을 편 손처럼 다섯 갈래로 깊이 갈라지고, 갈래 조각이 또 갈라진다. 꽃줄기 끝에 하얀 꽃이 하나씩 핀다. 바람꽃 종류는 모두 독이 있다.

어린잎(4월 25일).

꽃 핀 모습(5월 2일).

잎(4월 26일).

열매(4월 27일).

꽃봉오리(4월 26일).

꿩의바람꽃

미나리아재비과 | 여러해살이풀

크기 10~25cm
꽃 피는 때 3~5월
자라는 곳 산골짜기

잎이 야들야들한 게 맛있어 보일지 모르지만, 독이 강해 먹으면 안 된다. 잎이 말려나다가 자라면 펴진다. 잎이 날 때 처음에는 붉은빛이나 자줏빛이 도는데, 갈수록 초록이 짙어진다. 뿌리줄기가 옆으로 뻗으면서 자라 무리를 이룬다. 이른 봄, 이 꽃을 볼 때 꿩 소리를 쉽게 들을 수 있다.

어린잎(3월 24일).

꽃 핀 모습(3월 21일).

자란 잎(3월 29일).

꽃봉오리(3월 21일).

꽃 피기 시작한 모습(3월 15일).

회리바람꽃

미나리아재비과 | 여러해살이풀

크기 20~30cm
꽃 피는 때 5~6월
자라는 곳 산

키가 작고 보드라워 먹을 수 있을 것 같지만, 독이 강해 먹으면 안 된다. 줄기 끝에 연노란빛이나 하얀 꽃이 피는데, 꽃받침이 젖혀지는 게 귀엽다. 줄기 하나에 꽃대가 하나 올라와 피기도 하고, 꽃대 3~4개가 올라와 피기도 한다. 줄기에 작은 잎 세 장이 돌려난다.

꽃봉오리가 맺힌 모습(5월 4일).

꽃 핀 모습(5월 4일).

꽃대가 여러 개 올라와 핀 모습(5월 17일).

잎(4월 26일).

미나리아재비
왜미나리아재비

미나리아재비과 | 여러해살이풀

크기 30~70cm
꽃 피는 때 5~6월
자라는 곳 산과 들의 축축한 풀밭

어린잎을 데쳐서 우려내고 먹는 곳도 있지만, 독이 강해 먹으면 안 된다. 왜미나리아재비도 먹지 않는다. 뿌리잎은 모여나며, 잎자루가 길고 다섯 갈래로 갈라진다. 줄기잎은 잎자루가 없고, 세 갈래로 갈라진다. 전체를 두통이나 관절염 따위에 약으로 쓴다.

얼룩 점이 있는 미나리아재비 뿌리잎(4월 5일).

미나리아재비 봄물 오른 잎(4월 14일).

미나리아재비 꽃 핀 모습(6월 4일).

키가 작은 왜미나리아재비(4월 13일).

무리지어 핀 왜미나리아재비 꽃(4월 13일).

독이 있는 식물

개구리자리
(놋동이풀)

미나리아재비과 | 두해살이풀

크기 30~60cm
꽃 피는 때 4~6월
자라는 곳 논두렁, 습지

개구리가 사는 곳에 자란다고 개구리자리다. 놋동이풀이라고도 한다. 반질반질 윤기 나는 잎으로 겨울을 난다. 꽃이 피면 샛노란 꽃잎도 반질반질하다. 뿌리를 구안괘사(입과 눈이 한쪽으로 쏠리는 병)에 약으로 쓴다. 독을 우려내고 나물로 먹는 곳도 있지만, 독이 강해 먹으면 안 된다.

겨울 나는 잎(11월 18일).

꽃 핀 모습(5월 1일).

물에 잠겨 자라는 모습(11월 6일).

물 밖에서 자라는 모습(3월 12일).

줄기잎과 전체 모습(5월 4일).

복수초

미나리아재비과 | 여러해살이풀

크기 10~25cm
꽃 피는 때 2월 말~4월
자라는 곳 깊은 산 숲 속

꽃은 아름답지만 독이 있어서 먹으면 안 된다. 어린잎이 나물 해 먹는 산형과 식물과 닮아서 조심해야 한다. 봄눈을 뚫고 올라와 빛나는 황금 잔 같은 꽃이 핀다. 봄의 전령 같은 꽃이다. 꽃은 원줄기 끝에 하나씩 달리며, 가지가 갈라져서 2~3개씩 피는 것도 있다.

복수초 꽃이 진 모습(3월 17일).

복수초 꽃 핀 모습(2월 28일).

꽃이 여러 송이 피는 종류(2월 26일).

복수초 종류 꽃봉오리(3월 5일).

복수초 종류 열매(4월 26일).

독이 있는 식물

꿩의다리

미나리아재비과 | 여러해살이풀

크기 100cm 정도
꽃 피는 때 6~7월
자라는 곳 산

줄기가 가늘고 꼿꼿하며 셋으로 갈라져 꿩 다리를 닮았다고 꿩의다리다. 전체에 털이 없고, 잎은 분을 바른 듯 흰빛이 돈다. 줄기가 잎 위로 올라오면 나물 해 먹는 곳도 있지만, 알칼로이드라는 독이 있어 많이 먹으면 구토와 설사를 한다. 증상이 심하면 사망할 수도 있으니 먹지 않는다.

어린 모습(4월 13일).

꽃 핀 모습(7월 23일).

새순 올라오는 모습(5월 7일).

자라는 모습(5월 7일).

줄기잎(7월 20일).

매발톱⊃
하늘매발톱

미나리아재비과 | 여러해살이풀

크기 50~70cm
꽃 피는 때 4~7월
자라는 곳 산

긴 꽃뿔이 매 발톱을 닮았다고 매발톱이다. 잎이 야들야들해서 먹을 수 있을 것 같지만, 독이 강해 먹으면 안 된다. 잎에는 털이 없고, 뒷면은 분을 바른 듯 흰빛이 돈다. 높은 산에 자라는 하늘매발톱은 하늘빛 꽃과 흰 꽃이 핀다. 매발톱 종류는 모두 먹지 않는다.

산에서 자라는 매발톱 어린 모습(4월 26일).

매발톱 종류 꽃 핀 모습(4월 24일).

하늘매발톱 꽃(4월 18일).

하늘매발톱 꽃봉오리(4월 17일).

하늘매발톱 열매(5월 24일).

투구꽃 싹(3월 29일).

투구꽃 꽃 핀 모습(9월 23일).

투구꽃 새순 올라온 모습(4월 11일).

투구꽃

미나리아재비과 | 여러해살이풀

크기 100cm 정도
꽃 피는 때 8~9월
자라는 곳 산골짜기, 숲 속

꽃이 투구를 닮았다고 투구꽃이다. 뿌리를 초오라 해서 약으로 쓴다. 하지만 전체에 독이 강해 함부로 쓰면 안 되고, 잎이나 뿌리를 나물로 먹어도 안 된다. 투구꽃, 세뿔투구꽃, 지리바꽃, 노랑투구꽃, 백부자 등 초오속에 드는 식물 뿌리는 옛날에 사약 재료로 썼을 만큼 독이 강하니, 나물 할 때 뜯지 않도록 조심한다.

투구꽃 어린 싹(3월 17일).

이른 봄에 본 투구꽃 싹(2월 27일).

봄물 오른 투구꽃 싹(3월 28일).

투구꽃 뿌리(4월 11일).

독이 있는 식물

흰진범 뿌리잎(3월 25일).

진범 꽃 핀 모습(8월 24일).

진범 자라는 모습(7월 28일).

진범(진교) ⊃ 흰진범

미나리아재비과 | 여러해살이풀

크기 40~70cm
꽃 피는 때 8~9월
자라는 곳 깊은 산 숲 속

진교, 오독도기라고도 한다. 뿌리잎은 잎자루가 길고, 줄기잎은 위로 갈수록 잎자루가 짧으며 크기도 작다. 여름에 고니 모양 꽃이 멋스럽게 핀다. 진범은 줄기에 자줏빛이 돌고, 흰진범은 줄기가 풀빛이다. 진범, 흰진범 모두 전체에 독이 있어 먹으면 안 되지만, 뿌리는 진교라 해서 약으로 쓴다.

흰진범 봄물 오른 잎(3월 27일).

흰진범 자라는 모습(7월 23일).

흰진범 꽃 핀 모습(8월 27일).

진범 열매 맺는 모습(8월 24일).

모데미풀

미나리아재비과 | 여러해살이풀

크기 10~25cm
꽃 피는 때 4~5월
자라는 곳 깊은 산 숲 속

우리나라 특산 식물로, 지리산 모데미 마을에서 처음 발견되어 붙은 이름이다. 독이 강해서 먹으면 안 된다. 뿌리에서 줄기가 여러 대 모여 나와 자란다. 꽃줄기 끝에 흰 꽃이 피는데, 꽃잎처럼 보이는 것은 꽃받침조각이다. 잎은 다섯 갈래로 깊게 갈라지고, 잎 가장자리에 뾰족한 톱니가 있다.

잎(5월 2일).

꽃 핀 모습(5월 2일).

익어 벌어진 열매(7월 11일).

동의나물

미나리아재비과 | 여러해살이풀

크기 40~50cm
꽃 피는 때 4~5월
자라는 곳 산의 습지

이름에 '나물'이 붙었지만, 독이 강해 먹으면 안 된다. 주로 산의 축축한 곳에 무리지어 자란다. 먹는 곰취와 헷갈리기 쉬우므로 조심한다. 꽃이 피면 알아보기 쉽지만, 꽃이 없을 때는 잎으로 구별한다. 곰취는 잎 가장자리에 날카로운 톱니가 있고, 동의나물은 톱니가 둔하고 둥글며 반들거린다.

꽃봉오리가 맺힌 모습(4월 15일).

꽃 핀 모습(4월 2일).

잎 가장자리 톱니가 둔하고 둥글다(3월 30일).

익어 벌어진 열매(6월 4일).

한계령풀

매자나무과 | 여러해살이풀

크기 30~40cm
꽃 피는 때 4월 말~5월
자라는 곳 중부 지방 높은 산 양지쪽

설악산 한계령 능선에서 처음 발견되었다고 한계령풀이다. 주로 깊은 산에서 자란다. 줄기에 달리는 잎은 아래에서 세 갈래로 갈라지고, 다시 세 갈래로 갈라진다. 새싹이 올라올 때 꽃봉오리를 달고 나와 잎과 꽃이 같이 핀다. 독이 강해 먹으면 안 된다.

잎 나는 모습(4월 21일).

꽃 핀 모습(4월 26일).

꽃 진 모습(4월 26일).

잎(4월 26일).

족도리풀⊃
개족도리풀

쥐방울덩굴과 | 여러해살이풀

크기 30~60cm
꽃 피는 때 4~5월
자라는 곳 산의 숲 속

꽃이 족두리를 닮아 족도리풀이다. 뿌리를 세신이라 하여 한약재로 쓰지만, 전체에 독이 강해 나물로 먹으면 안 된다. 심장 모양 잎이 긴 잎자루 끝에 달리고, 검은 자줏빛 꽃이 아래를 보고 핀다. 잎에 얼룩무늬가 있는 개족도리풀이나 족도리풀 종류는 다 독이 있어 먹으면 안 된다.

족도리풀 잎(5월 3일).

족도리풀(4월 26일).

족도리풀 꽃봉오리 맺힌 모습(3월 29일).

개족도리풀 꽃 핀 모습(4월 6일).

독이 있는 식물

피나물

양귀비과 | 여러해살이풀

크기 30cm 정도
꽃 피는 때 4~5월
자라는 곳 산의 숲 속

줄기를 자르면 붉은 즙이 나오는데, 피 같다고 피나물이다. 매미꽃을 많이 닮아 노랑매미꽃이라고도 하지만, 꽃줄기에 잎이 붙고 꽃봉오리에 털이 난 것이 매미꽃과 다르다. 이름에 '나물'이 붙었고 어린순을 데쳐서 우려내고 먹는 곳도 있지만, 독이 강해 먹으면 안 된다.

꽃이 피지 않은 떨기의 잎(4월 21일).

꽃 핀 모습(4월 13일).

꽃봉오리. 꽃줄기에 잎이 달려 올라온다(4월 13일).

열매 맺는 모습(4월 22일).

꽃잎 오므린 모습(4월 20일).

매미꽃

양귀비과 | 여러해살이풀

크기 20~40cm
꽃 피는 때 4월 중순~7월
자라는 곳 산의 숲 속

노란색 꽃이 피나물과 많이 닮았는데, 꽃줄기에 잎이 붙지 않는 점이 다르다. 줄기에는 털이 많지만, 꽃봉오리에는 털이 없다. 뿌리잎은 작은 잎 3~7장으로 된 깃꼴겹잎이다. 줄기나 잎을 자르면 피나물처럼 붉은 즙이 나온다. 독이 강해서 나물로 먹으면 안 된다.

잎(4월 24일).

꽃 핀 모습(4월 24일).

꽃봉오리에 털이 없다(4월 24일).

열매(9월 23일). 　잎이 달리지 않은 꽃줄기가 따로 올라온다(4월 24일).

독이 있는 식물

산괴불주머니 잎(2월 11일).

산괴불주머니 꽃(4월 26일).

괴불주머니 꽃(4월 26일).

괴불주머니
산괴불주머니, 염주괴불주머니

현호색과 | 두해살이풀

크기 30~50cm
꽃 피는 때 4~6월
자라는 곳 산

괴불주머니는 아이나 여자들 주머니 끝에 매달던 작은 노리개다. 꽃이 괴불주머니를 닮아서 이런 이름이 붙었다. 특유의 냄새가 나서 똥풀이라고 하는 곳도 있다. 연한 잎을 데쳐서 우려내고 먹는 곳도 있지만, 괴불주머니나 산괴불주머니, 염주괴불주머니 모두 독이 있어 나물로 먹으면 안 된다.

염주괴불주머니 잎(3월 23일).

염주괴불주머니 봄물 오른 잎(4월 12일).

산괴불주머니 줄기 올라온 모습(3월 11일).

염주괴불주머니 꽃 핀 모습(4월 29일).

무리지어 꽃 핀 모습(3월 25일).

현호색 종류 잎(3월 19일).

꽃봉오리(3월 5일).

현호색

현호색과 | 여러해살이풀

크기 20cm 정도
꽃 피는 때 3~5월
자라는 곳 산, 들

전체에 물기가 많다. 잎이 둥그스름하거나, 길쭉하거나, 잘게 갈라지는 등 변이가 많다. 줄기 위쪽에 트럼펫 모양 꽃이 하늘빛, 보랏빛, 분홍빛 등 여러 빛깔로 모여 핀다. 덩이줄기를 현호색이라 해서 약으로 쓴다. 현호색 종류는 모두 독이 있어 나물로 먹으면 안 된다.

연한 하늘빛 꽃(3월 16일).

짙은 하늘빛 꽃(3월 18일).

붉은빛이 짙은 꽃(4월 1일).

잎이 댓잎처럼 생긴 꽃(5월 4일).

애기똥풀

양귀비과 | 두해살이풀

크기 30~80cm
꽃 피는 때 4월 말~8월
자라는 곳 숲 가장자리, 마을 근처

줄기나 잎을 꺾으면 나오는 노란 즙이 아기 똥을 닮아서 애기똥풀이다. 젖이 나오는 것 같아 젖풀이라고도 한다. 노란 즙에 강한 독이 있어 먹으면 안 된다. 뿌리잎은 겨울을 나며, 희고 곱슬곱슬한 털이 빽빽하다. 자라면서 털이 점점 줄어든다. 한방에서는 백굴채라 하여 약으로 쓴다.

꽃대 올라온 모습(4월 21일).

꽃 핀 모습(5월 8일).

아기 똥 닮은 노란 즙에 독이 있다(3월 30일).

뿌리잎(3월 29일).

등대풀

대극과 | 두해살이풀

크기 25~35cm
꽃 피는 때 4~5월
자라는 곳 바닷가, 들, 빈 터

잎 가운데 핀 밝은 녹황색 꽃이 밤에 바다를 밝히는 등대 같다고 등대풀이다. 바닷가 마을에서 잘 자란다. 줄기를 자르면 흰 즙이 나오는데, 독이 강해서 먹으면 안 된다. 데쳐서 우려내고 먹는 곳도 있지만, 독이 강해서 먹으면 안 된다. 전체를 해독제, 이뇨제 따위로 쓴다.

겨울 나는 모습(2월 27일).

꽃 핀 모습(4월 4일).

열매 맺은 모습(4월 28일).

늦가을 모습(11월 3일).

열매(5월 31일).

독이 있는 식물

대극 잎(4월 24일).

대극 꽃봉오리가 맺힌 모습(4월 19일).

대극 갓 꽃 핀 모습(5월 29일).

대극 꽃 핀 모습(5월 3일).

대극 ⊃ 두메대극

대극과 | 여러해살이풀

크기 20~70cm
꽃 피는 때 5~6월
자라는 곳 산과 들의 풀밭

날렵한 잎이 큰 창 같다고 대극이다. 잎이 버들 잎을 닮았고, 하얀 즙이 옻나무처럼 살갗에 옻을 일으켜 버들옻이라고도 한다. 잎이 깔끔하고 가운데 잎맥이 흰데, 잎과 줄기를 뜯으면 흰 즙이 나온다. 대극 종류는 약으로 쓰지만, 독이 강해서 나물로 먹으면 안 된다.

두메대극 잎(4월 28일).

두메대극 꽃 핀 모습(6월 20일).

두메대극 꽃과 열매(6월 20일).

개감수

대극과 | 여러해살이풀

크기 20~40cm
꽃 피는 때 4~7월
자라는 곳 산, 숲 속

싹이 올라올 때 불그레한 빛을 띤다. 가지가 조금 갈라지고, 줄기 끝에 잎 다섯 장이 둘러난다. 한 그루에 암꽃과 수꽃이 따로 피고, 꿀샘이 초승달 모양이다. 자르면 흰 즙이 나오는데, 독이 있으니 나물로 먹으면 안 된다. 뿌리줄기는 이뇨 작용을 돕고 부기를 빼는 데 효과가 있어 약으로 쓴다.

꽃 핀 모습(3월 30일).

붉게 올라오는 싹(3월 11일).

열매 맺은 모습(5월 13일).

활짝 핀 꽃(4월 10일).

꽃봉오리(3월 29일).

철쭉

진달래과 | 갈잎떨기나무

크기 2~5m
꽃 피는 때 4~5월
자라는 곳 산

진달래는 먹을 수 있지만, 철쭉은 독이 있어 먹지 않는다. 그래서 진달래는 참꽃, 철쭉은 개꽃이라 한다. 잎은 거꾸로 된 달걀 모양이고, 끝이 둥그스름하다. 가지 끝에 잎 4~5장이 모여 나며, 가장자리가 밋밋하다. 어린 가지와 꽃자루는 끈적끈적하다. 연분홍 꽃이 피거나, 더 짙고 붉은 꽃이 피기도 한다.

꽃이 조금 붉은 철쭉(5월 23일).

꽃봉오리는 만지면 끈적끈적하다(5월 13일).

연분홍빛 철쭉(5월 23일).

잎 끝이 둥그스름하다(7월 26일).

모여나는 잎(5월 23일).

독이 있는 식물

옻나무 순(4월 15일).

개옻나무 순(5월 23일).

개옻나무 잎과 열매(6월 15일).

옻나무 잎(5월 7일).

옻나무 순 뜯은 것(4월 15일).

옻나무⊃
개옻나무, 산검양옻나무

옻나무과 | 갈잎큰키나무

크기 20m 정도
꽃 피는 때 5~6월
자라는 곳 집 근처, 산기슭

옻나무를 만지면 살갗이 가렵고 염증이 생기기도 하는데, '옻이 올랐다'고 한다. 옻나무 종류는 독이 강해 먹으면 안 된다. 닭을 삶을 때 넣기도 하지만, 옻을 타는 사람은 옻닭을 먹어도 옻이 오른다. 새순을 살짝 쪄서 초고추장에 찍어 먹거나 무치기도 하지만, 옻을 타는 사람은 먹으면 안 된다.

산검양옻나무 순(4월 16일).

산검양옻나무 잎(5월 18일).

산검양옻나무 열매(8월 23일).

옻나무 순 살짝 찐 것(4월 15일).

갯메꽃

메꽃과 | 여러해살이풀

크기 2m 정도
꽃 피는 때 5~6월
자라는 곳 바닷가

갯가에서 피는 메꽃이라고 갯메꽃이다. 꽃은 메꽃과 닮았는데, 자라는 곳과 잎 모양이 다르다. 주로 바닷가 모래땅에서 자라고, 콩팥 모양을 닮은 잎이 두껍다. 어린순을 나물 해 먹고, 뿌리는 메라고 해서 약으로 쓰고 메꽃 뿌리처럼 먹기도 하지만, 독이 강하니 먹지 않는 게 좋다.

바닷가 모래밭에 꽃 핀 모습(5월 19일).

잎(4월 28일).

꽃 핀 전체 모습(5월 15일).

열매(7월 1일).

미치광이풀

가지과 | 여러해살이풀

크기 30~60cm
꽃 피는 때 3월 말~5월
자라는 곳 깊은 산의 숲 속

먹으면 중독되어 환각 증상으로 괴로워하다가 미친 듯 날뛰다 죽는다고 미치광이풀이다. 독뿌리풀이라고도 한다. 전체에 독이 강한 알칼로이드 성분 따위가 들어 있다. 뿌리는 약으로 쓰지만, 독이 강해 절대로 나물 해 먹으면 안 된다.

꽃 핀 모습(3월 26일).

어린 모습(3월 20일).

자란 모습(4월 23일).

열매(4월 15일).

독이 있는 식물

꽈리 어린 모습(5월 9일).

꽈리 열매(11월 5일).

꽈리 꽃 핀 모습(7월 24일).

땅꽈리 꽃(8월 16일).

꽈리⊃땅꽈리, 페루꽈리

가지과 | 여러해살이풀

크기 40~90cm
꽃 피는 때 6~7월
자라는 곳 집 둘레

여름에 흰 꽃이 피고, 가을이 되면 열매가 빨갛게 익어 보기 좋다. 열매에서 빨간 껍질 부분은 꽃받침이 자란 것이고, 속에 동그란 진짜 열매가 있다. 열매는 씨를 빼고 불면 꽉 꽉 소리가 난다. 뿌리와 열매는 약으로 쓰며, 익은 열매는 꽃꽂이 재료로 쓴다. 꽈리, 땅꽈리, 페루꽈리 모두 독이 있어 먹지 않는다.

땅꽈리 열매(10월 5일).

페루꽈리 어린 모습(6월 8일).

페루꽈리 꽃 핀 모습(6월 8일).

▶ 독말풀 어린 모습(8월 13일).

▶ 독말풀 꽃 핀 모습(8월 24일).

▶ 독말풀 익은 열매(8월 13일).   ▶ 독말풀 열매(8월 13일).

독말풀(만다라화)
흰독말풀

가지과 | 한해살이풀

크기 1~2m
꽃 피는 때 8~9월
자라는 곳 길가, 빈 터

옛날에 사약 재료로 써서 만다라화라고도 한다. 열대 아메리카가 고향인 약용 식물인데, 퍼져서 자란다. 낮에는 오므리고 있다가 밤이 되면 연자줏빛 꽃이 활짝 핀다. 흰 꽃이 피는 것도 있다. 잎 가장자리에 고르지 않은 톱니가 있다. 약으로 쓰지만, 독이 강해 먹으면 안 된다. 잎 가장자리가 둔한 흰독말풀도 먹으면 안 된다.

독말풀 흰 꽃(8월 24일).

흰독말풀 꽃 핀 모습(7월 31일).

흰독말풀 열매(7월 20일).

파리풀

파리풀과 | 여러해살이풀

크기 70cm 정도
꽃 피는 때 7~9월
자라는 곳 산과 들의 응달

뿌리를 찧은 즙을 종이에 먹여 파리를 잡았다고 파리풀이다. 파리한테 독이 되는 풀이라 승독초라고도 한다. 벌레 물린 데 이 풀을 찧어 붙이면 해독 작용을 한다. 독이 있어 나물로 먹으면 안 된다. 작고 귀여운 꽃이 아래부터 피어 올라간다. 열매는 동물 털이나 옷에 잘 달라붙는다.

어린 모습(4월 20일).

아래부터 피어 올라가는 꽃(7월 30일).

자란 잎(6월 2일).

싹(4월 14일).

꽃 핀 전체 모습(8월 9일).

삿갓나물

백합과 | 여러해살이풀

크기 30~40cm
꽃 피는 때 4~6월
자라는 곳 깊은 산의 숲

이름에 '나물'이 붙었지만, 독이 강해 먹으면 안 된다. 먹는 우산나물과 닮았는데, 우산나물은 올라올 때 솜털이 보송보송하고, 삿갓나물은 윤기가 난다. 우산나물은 갈라진 잎 가장자리에 톱니가 있고, 삿갓나물은 밋밋하다. 우산나물은 잎이 깊게 갈라지고 갈래 조각이 다시 갈라지며, 삿갓나물은 타원형 잎이 돌려난다.

어린 모습(3월 25일).

꽃 핀 모습(4월 15일).

접은 우산 같은 싹(3월 20일).

꽃대 나온 모습(3월 29일).

독이 있는 식물

싹(4월 13일).

어린 모습(4월 13일).

펼쳐진 잎(5월 4일).

꽃 핀 모습(6월 26일).

열매(7월 23일).

박새

백합과 | 여러해살이풀

크기 60~150cm
꽃 피는 때 6~7월
자라는 곳 깊은 산의 축축한 곳

독이 강해 어린잎이라도 나물 해 먹으면 안 된다. 깊은 산 나무 그늘 아래 기름진 곳이나 습지에 무리지어 자란다. 커다란 타원형 잎은 세로로 주름이 많으며, 밑 부분은 줄기를 감싼다. 언뜻 보면 잎이 여로와 비슷하다. 독이 강해 뿌리를 농약 재료로 쓰기도 한다.

줄기가 올라온 모습(6월 11일).

씨앗 떨어진 열매 껍질(12월 12일).

흰여로 싹(4월 6일).

흰여로 싹(4월 6일).

흰여로 자란 잎(4월 11일).

흰여로 꽃(7월 1일).

여로 ⊃ 흰여로

백합과 | 여러해살이풀

크기 1m 정도
꽃 피는 때 7~8월
자라는 곳 산

여로, 파란여로, 참여로, 긴잎여로 따위 여로 종류는 모두 뿌리를 약으로 쓰지만, 독이 강해 나물로 먹으면 안 된다. 여로는 자줏빛 꽃이 피고, 흰여로는 흰 꽃이 핀다. 흰여로는 사진을 보면 박새와 비슷한 것 같지만, 꽃이 박새보다 작고 여리며, 줄기도 약하고 가늘다.

여로 꽃 핀 모습(7월 28일).

흰여로 자라는 모습(6월 9일).

독이 있는 식물

산자고

백합과 | 여러해살이풀

크기 15~30cm
꽃 피는 때 3월 말~5월
자라는 곳 산자락, 들의 풀밭

까치무릇이라고도 한다. 어린순을 먹는 곳도 있지만, 독이 강해 먹으면 안 된다. 땅 속에 실파 같은 비늘줄기가 있고, 잎은 무릇과 닮았다. 갸름하고 긴 잎은 물기가 많고, 자라면 분을 바른 듯 흰빛이 돈다. 햇빛이 있어야 활짝 피는 꽃은 별 모양을 닮았고, 꽃잎 뒤의 자줏빛 줄무늬가 아름답다.

잎(3월 12일).

꽃 핀 모습(4월 4일).

자라는 모습(3월 23일).

꽃잎 오므린 모습(4월 6일).

드러난 뿌리(3월 29일).

윤판나물

백합과 | 여러해살이풀

크기 30~60cm
꽃 피는 때 4~6월
자라는 곳 산의 숲 속

둥굴레를 닮았지만 올라올 때는 둥굴레보다 통통하고, 노란 꽃이 피어 구별하기 쉽다. 지역에 따라 어린순을 데쳐서 나물로 먹는 곳도 있지만, 설사나 중독 사고를 일으킬 수 있으니 먹지 않는다. 둥굴레와 닮아서 잘못 뜯을 수 있으니 조심한다.

어린순(4월 12일).

통통하게 올라오는 싹(4월 12일).

꽃 핀 모습(5월 4일).

꽃봉오리(4월 25일).

열매(5월 7일).

익은 열매(9월 23일).

독이 있는 식물

애기나리

백합과 | 여러해살이풀

크기 15~30cm
꽃 피는 때 4~5월
자라는 곳 산의 숲 속

잎이 둥굴레를 닮았는데 작은 편이다. 봄에 산 오솔길을 걷다 보면 길가에 깔려서 무리지어 자라는 게 눈에 띈다. 어린순을 데쳐서 나물 해 먹는 곳도 있는데, 줄기와 뿌리에 독이 있으니 먹으면 안 된다. 둥굴레인 줄 알고 잘못 먹었다가 중독 사고를 일으킬 수도 있으니 조심한다.

싹 나는 모습(4월 6일).

어린 모습(4월 12일).

꽃 핀 모습(4월 14일).

익은 열매(9월 1일).

꽃 피기 전 모습(4월 11일).

은방울꽃

백합과 | 여러해살이풀

크기 20~30cm
꽃 피는 때 4~5월
자라는 곳 산의 숲 속

하얀 꽃이 아래를 보고 피어 은방울 같다고 은방울꽃이다. 잎이 산마늘과 비슷하지만, 독이 강해 먹으면 안 된다. 구토와 설사, 심장 마비 등을 일으킬 수 있다. 땅속줄기가 옆으로 뻗으며 자라 무리를 이룬다. 넓고 긴 잎이 2~3장 나온다. 꽃이 고와 심어 가꾸기도 한다.

무리지어 자라는 모습(4월 30일).

꽃 핀 모습(4월 20일).

익은 열매(9월 23일).

싹(4월 24일).

무리지어 꽃 핀 모습(4월 30일).

연영초⊃큰연영초

백합과 | 여러해살이풀

크기 30cm 정도
꽃 피는 때 5~6월
자라는 곳 산의 개울가 응달

잎이 커서 쌈으로 먹을 수 있을 것 같지만, 독이 강해서 먹으면 안 된다. 큰연영초와 닮았는데, 꽃잎과 꽃받침 끝이 뾰족한 편이다. 연영초는 산에 절로 자라는 수가 적어 보호해야 한다. 잎자루가 없는 큰 잎 석 장 사이에 하얀 꽃이 핀다. 꽃잎과 꽃받침도 석 장씩이다.

연영초 꽃 핀 모습(5월 17일).

큰연영초 꽃 핀 모습(5월 7일).

큰영연초 어린 것(5월 7일).

큰영연초 꽃이 피지 않은 것(5월 7일).

연영초 꽃봉오리(5월 5일).

반하

천남성과 | 여러해살이풀

크기 20~40cm
꽃 피는 때 5~6월
자라는 곳 밭, 길가

한방에서는 가래를 삭이는 약 따위로 쓰지만, 독이 있어 나물로 먹으면 안 된다. 옛날에 사약 재료로 썼다. 잎이 보통 셋으로 갈라지는데, 아주 어린잎은 갈라지지 않는다. 잎자루 아래쪽에는 씨처럼 싹이 터 번식을 하는 구슬눈(주아, 살눈)이 있다. 꽃은 뱀이 혀를 쑥 내민 것 같은 모습이다.

어린 모습(5월 3일).

꽃 핀 모습(5월 9일).

구슬눈이 잎몸 쪽에 달린 모습(9월 16일).

구슬눈이 잎자루에 달린 모습(5월 19일). 뿌리(7월 16일).

대반하

천남성과 | 여러해살이풀

크기 20~50cm
꽃 피는 때 4~7월
자라는 곳 산의 나무 밑

반하보다 커서 대반하다. 전체에 반질반질 윤기가 난다. 잎이 깊게 세 갈래로 갈라지는데, 어린잎은 갈라지지 않는 것도 있다. 반하는 잎자루에 씨가 아니면서 싹이 나 자손을 퍼뜨리는 구슬눈이 달리는데, 대반하는 달리지 않는다. 약으로 쓰지만, 독이 강해 나물로 먹으면 안 된다.

꽃 핀 모습(5월 20일).

어린잎(5월 20일).

뿌리(5월 26일).

열매(7월 2일).

앉은부채
애기앉은부채

천남성과 | 여러해살이풀

크기 30~40cm
꽃 피는 때 2~6월
자라는 곳 산골짜기 음지

꽃이 앉은 듯 피고, 잎이 펼쳐지면 부채를 닮아 앉은부채다. 우엉 잎을 닮아서 우엉취라고도 한다. 이른 봄에 눈 속에서 피기도 한다. 앉은부채와 애기앉은부채는 약으로 쓰지만, 독이 강해 나물로 먹으면 안 된다.

앉은부채 꽃(3월 2일).

앉은부채 잎(4월 11일).

애기앉은부채 싹(3월 19일).

애기앉은부채 잎(3월 16일).

애기앉은부채 꽃(7월 28일).

독이 있는 식물

천남성(4월 17일).

두루미천남성(6월 5일).

둥근잎천남성(4월 13일).

섬남성(5월 8일).

큰천남성(6월 1일).

천남성⊃섬남성, 두루미천남성, 둥근잎천남성, 큰천남성

천남성과 | 여러해살이풀

크기 30~50cm
꽃 피는 때 5~6월
자라는 곳 산의 숲 속

산의 숲 속 나무 아래나 어둡고 축축한 곳에서 잘 자란다. 천남성은 옛날에 사약의 재료로 썼다. 천남성, 섬남성, 두루미천남성, 둥근잎천남성, 큰천남성 등 천남성과에 드는 식물은 모두 독이 있어 먹으면 안 된다. 전체에 독이 있지만, 뿌리는 약으로 쓴다.

천남성 싹(4월 11일).

천남성 열매(7월 2일).

천남성 익은 열매(10월 17일).

천남성 뿌리(4월 11일).

상사화 싹(3월 30일).

상사화 자란 잎(3월 30일).

상사화 꽃(8월 6일).

백양꽃 잎(2월 25일).

상사화⊃
백양꽃, 석산(꽃무릇)

수선화과 | 여러해살이풀

크기 40~60cm
꽃 피는 때 7~8월
자라는 곳 집 주변

잎과 꽃이 만나지 못하는 꽃이라고 상사화다. 꽃과 잎이 만나지 못하는 꽃을 뭉뚱그려 상사화라고도 한다. 주로 절이나 집 뜰에 심어 가꾸는데, 독이 있어 먹으면 안 된다. 잎은 초봄에 돋아 초여름이면 말라 죽고, 그 뒤에 꽃줄기가 쑥 올라와 분홍빛 꽃이 핀다. 백양꽃, 석산(꽃무릇)도 독이 있어 먹지 않는다.

백양꽃 꽃(8월 24일).

석산 잎(12월 7일).

석산 꽃(10월 5일).

독이 있는 식물

찾아보기

가

가는장구채 … 30
가락지나물 … 247
가막사리 … 299
가새풀 … 149
가시솔나물 … 391
가죽나물 … 361
각시취 … 165
갓 … 237
갈퀴꼭두서니 … 87
갈퀴나물 … 248
개감수 … 434
개갓냉이 … 243
개구리자리 … 412
개두릅 … 345
개망초 … 285
개미취 … 143
개별꽃 … 27
개시호 … 66
개쑥 … 274
개쑥부쟁이 … 279
개옻나무 … 437
개족도리풀 … 423
갯고들빼기 … 400
갯기름나물 … 397
갯메꽃 … 438
갯무 … 398
갯무시 … 398
갯방풍 … 395
갯씀바귀 … 401
갯완두 … 393
게발딱주 … 141
겨울초 … 236
겹삼잎국화 … 296
고광나무 … 346
고깔제비꽃 … 60
고들빼기 … 320
고려엉경퀴 … 161
고마리 … 219

고비 … 17
고사리 … 19
고수 … 260
고추나무 … 353
고추나물 … 33
고추냉이 … 38
곤달비 … 146
곤드레나물 … 161
골담초 … 352
골등골나물 … 133
골무꽃 … 93
곰취 … 145
광대나물 … 268
광대수염 … 97
광릉골무꽃 … 93
괭이밥 … 253
괴불주머니 … 427
구기자나무 … 377
구릿대 … 73
국수나무 … 347
굼비나물 … 99
궁궁이 … 79
귀박쥐나물 … 147
금낭화 … 34
금불초 … 275
기름나물 … 83
기린초 … 43
기쑥 … 274
까막발나물 … 75
까실쑥부쟁이 … 139
까치고들빼기 … 175
까치수염 … 262
까치수영 … 262
깨나물 … 165
깨풀 … 251
꼬치미 … 17
꼬칫대 … 339
꼭두서니 … 87
꽃나물 … 113
꽃다지 … 245

꽃마리 … 263
꽃무릇 … 461
꽃향유 … 103
꽈리 … 441
꿀풀 … 96
꿩의다리 … 414
꿩의바람꽃 … 409
꿩의비름 … 42

나

나도냉이 … 244
나락나물 … 222
나래박쥐나물 … 147
나물취 … 142
나비나물 … 56
난두나무 … 359
남방잎 … 371
남산제비꽃 … 61
냉이 … 239
넘나물 … 183
노란장대 … 41
노랑선씀바귀 … 308
노루오줌 … 44
노루참나물 … 71
노박덩굴 … 385
놋동이풀 … 412
놋절나물 … 31
누룩치 … 72
누리대 … 72
누리장나무 … 376
누릿대 … 72
눈개승마 … 47
느릅나무 … 327
는쟁이냉이 … 35

다

다래 … 343
다래나무 … 343

다래몽두리 … 343
단풍박쥐나무 … 371
단풍취 … 141
달개비 … 323
달구벼슬 … 57
달래 … 185
달맞이꽃 … 257
닭의장풀 … 323
담배풀 … 127
당개지치 … 89
당잔대 … 115
대극 … 433
대반하 … 456
댑싸리 … 230
더덕 … 123
덩굴꽃마리 … 90
도깨비바늘 … 297
도라지 … 125
독말풀 … 443
독활 … 65
돌나물 … 246
동의나물 … 421
돼지감자 … 282
두루미천남성 … 459
두릅 … 373
두릅나무 … 373
두메대극 … 433
두메부추 … 191
둥굴레 … 197
둥근잎천남성 … 459
드릅 … 373
등골나물 … 133
등대풀 … 431
딱주 … 115
땅꽈리 … 441
땅두릅 … 65
떡쑥 … 274
떡취 … 169
뚝갈 … 111
뚱딴지 … 282

마

마 … 205
마주송이풀 … 109
마타리 … 112
만다라화 … 443
만삼 … 117
말냉이 … 240
맑은대쑥 … 151
망개 … 381
망초 … 287
매미꽃 … 425
매발톱 … 415
맹종죽 … 384
머구 … 291
머위 … 291
메꽃 … 265
멧미나리 … 81
며느리밑씻개 … 213
며느리배꼽 … 211
멸가치 … 154
명감 … 381
명아주 … 229
명이나물 … 193
명태취 … 379
모데미풀 … 420
모시대 … 116
모시딱주 … 116
모시풀 … 215
묏미나리 … 81
무릇 … 322
무아재비 … 398
물냉이 … 241
물레나물 … 32
물쑥 … 295
물엉겅퀴 … 159
물칭개나물 … 271
미국가막사리 … 299
미국쑥부쟁이 … 281
미국자리공 … 405
미나리 … 261
미나리냉이 … 37
미나리아재비 … 411
미물나물 … 90
미역줄나무 … 365
미역취 … 137
미치광이풀 … 439
민들레 … 305
민미나리 … 81
밀나물 … 203

바

바디나물 … 75
바디재이 … 75
바위취 … 45
박새 … 447
박쥐나무 … 371
박쥐나물 … 147
반대나물 … 69
반하 … 455
밤나물 … 69
방가지똥 … 314
방아 … 266
방아풀 … 107
방풍 … 397
방풍나물 … 395
배초향 … 266
백양꽃 … 461
뱀무 … 50
버들분취 … 163
번행초 … 389
벋음씀바귀 … 309
벌개미취 … 283
벌깨덩굴 … 95
벌씀바귀 … 311
범꼬리 … 23
벼룩나물 … 222
벼룩이자리 … 223
별꽃 … 225
병꽃나무 … 379
복수초 … 413
부지깽이나물 … 277
붉은서나물 … 136
비단나물 … 196
비름 … 289
비비추 … 181
뻐꾹나리 … 179

뻐꾹채 … 166
뽀리뱅이 … 317

사

사데풀 … 313
사람주나무 … 355
사상자 … 259
사위질빵 … 336
산갓 … 35
산검양옻나무 … 437
산괴불주머니 … 427
산기름나물 … 83
산달래 … 187
산마늘 … 193
산박하 … 105
산부추 … 189
산비장이 … 167
산뽕나무 … 329
산솜방망이 … 131
산씀바귀 … 173
산오이풀 … 55
산자고 … 450
산초나무 … 359
산층층이 … 100
산호자 … 355
살갈퀴 … 249
삼나물 … 47
삼백초 … 235
삽주 … 153
삿갓나물 … 445
상사화 … 461
생강나무 … 335
서덜취 … 162
서양민들레 … 305
석산 … 461
석잠풀 … 267
선괭이밥 … 253
선밀나물 … 201
선씀바귀 … 171
선학초 … 49
섬남성 … 459
섬쑥부쟁이 … 399
섬자리공 … 405

섬초롱꽃 … 119
소리쟁이 … 217
소엽 … 269
속단 … 101
솔나물 … 88
솜나물 … 129
솜방망이 … 131
송이풀 … 109
쇠뜨기 … 209
쇠무릎 … 231
쇠별꽃 … 227
쇠비름 … 220
쇠서나물 … 301
수리취 … 169
수송나물 … 391
수영 … 21
순나물 … 234
순채 … 234
쉽싸리 … 99
싱아 … 22
쑥 … 293
쑥부쟁이 … 277
씀바귀 … 307
씬내이 … 307

아

아까시나무 … 351
앉은부채 … 457
애기괭이밥 … 58
애기나리 … 452
애기똥풀 … 430
애기메꽃 … 265
애기수영 … 21
애기쉽싸리 … 99
애기앉은부채 … 457
애기참반디 … 69
앵초 … 86
양지꽃 … 48
어수리 … 84
얼레지 … 195
엄나무 … 345
엉개나무 … 345
엉겅퀴 … 155

여로 … 449
연꽃 … 233
연영초 … 454
염주괴불주머니 … 427
영아자 … 121
오가피나무 … 375
오갈피나무 … 375
오미자 … 333
오이풀 … 54
옻나무 … 437
왕고들빼기 … 319
왕호장근 … 25
왜당귀 … 77
왜미나리아재비 … 411
왜우산풀 … 72
요강나물 … 406
용둥굴레 … 199
우산나물 … 148
우슬 … 231
원추리 … 183
유럽점나도나물 … 221
유채 … 236
윤판나물 … 451
으너리 … 84
으름덩굴 … 341
으아리 … 339
은방울꽃 … 453
음나무 … 345
이고들빼기 … 177

자

자리공 … 405
자운영 … 250
자주꽃방망이 … 120
잔대 … 115
장구채 … 29
장대나물 … 39
장록 … 405
점나도나물 … 221
제비꽃 … 254
제비쑥 … 150
제피나무 … 357
조갑지나물 … 63

조바리 … 300
조밥나물 … 170
조뱅이 … 300
조뺑이 … 300
족도리풀 … 423
졸방제비꽃 … 62
좀깨잎나무 … 331
좀담배풀 … 127
좀씀바귀 … 312
종지나물 … 255
주걱개망초 … 285
주홍서나물 … 135
죽순대 … 384
쥐깨풀 … 98
쥐오줌풀 … 113
지느러미엉겅퀴 … 157
지리터리풀 … 53
지부 … 181
지장나물 … 200
지장보살 … 200
지칭개 … 303
진교 … 419
진범 … 419
질경이 … 273
짚신나물 … 49
쪽박나물 … 62
찔레 … 349
찔레꽃 … 349
찔레나무 … 349

차

차조기 … 269
차즈기 … 269
참꽃마리 … 91
참나리 … 321
참나물 … 71
참느릅나무 … 327
참당귀 … 77
참마 … 205
참명아주 … 229
참반디 … 69
참으아리 … 339
참죽나무 … 361

참취 … 142
천남성 … 459
철쭉 … 435
청가시덩굴 … 383
청미래덩굴 … 381
초롱꽃 … 119
초피나무 … 357
취나물 … 142
취명아주 … 229
층층이꽃 … 100
칠기 … 350
칡 … 350
칡덤불 … 350

카

코나무 … 327
콩나물 … 56
콩대가리나물 … 56
콩제비꽃 … 63
큰개별꽃 … 27
큰괭이밥 … 59
큰까치수염 … 85
큰꽃으아리 … 337
큰망초 … 288
큰방가지똥 … 315
큰뱀무 … 51
큰앵초 … 86
큰연영초 … 454
큰참나물 … 71
큰천남성 … 459
키다리노랑꽃 … 296

타

터리풀 … 53
털도깨비바늘 … 297
토끼귀나물 … 90
톱풀 … 149
투구꽃 … 417

파

파드득나물 … 67
파리풀 … 444
페루꽈리 … 441
풀솜대 … 200
피나물 … 424

하

하늘말나리 … 196
하늘매발톱 … 415
한계령풀 … 422
할미꽃 … 407
합다리나무 … 363
합달나무 … 363
합대나무 … 363
향등골나물 … 133
향유 … 103
헛개나무 … 369
현호색 … 429
호장근 … 25
홀아비꽃대 … 31
홀아비바람꽃 … 408
홋잎나물 … 367, 368
홑잎나물 … 367, 368
화살나무 … 367
환삼덩굴 … 214
활량나물 … 57
활장대 … 57
회리바람꽃 … 410
회잎나무 … 368
흰독말풀 … 443
흰민들레 … 305
흰씀바귀 … 307
흰여로 … 449
흰진범 … 419
흰취 … 169